孫子に学ぶ教育の極意

多賀一郎 著

黎明書房

まえがき

「彼（かれ）ヲ知リ己（おのれ）ヲ知レバ、百戦シテ殆（あや）ウカラズ」

『孫子』と言えばまずはこの言葉です。『孫子』において最も有名なこの言葉は、誰もがいろいろな時と場所（書物）で見聞きしたことのある言葉でしょう。

この言葉は戦いにおける兵法について書かれているのですが、その言葉の強さと精神の見事さで、様々なジャンルにおいて教訓として、また指針として用いられています。

ビジネスの世界で考えると、取引のときにクライアントの考え方、願い、資力、弱点等を克明に分析して精査することが重要です。それが「彼ヲ知リ」ということです。そして、自分（または自分のチーム）の能力、売り物、弱点等を客観的に分析することも必要です。「己ヲ知レバ」ということですね。そのうえで商談に臨めば、百戦百勝とまではいかなくても、話がまとまる確率はかなり高くなるでしょう。つまり、「百戦シテ殆ウカラズ」となるわけです。

大学受験で考えてみましょう。受ける大学の特色、環境、立地を調べ（それは「彼ヲ知リ」に当たります）、入試問題（過去問）を分析して傾向と対策を立てます。そして、自分の偏差値、得意教科の偏り、可能性等をしっかりつかんで（これが「己ヲ知レバ」です）、自分の力量にかなった大学を選択すれば、合格し、且つ大学生活も充実させられるでしょう。まさしく「百戦シテ殆ウカラズ」ということですね。

このように、「彼ヲ知リ己ヲ知レバ、百戦シテ殆ウカラズ」という言葉は、汎用性が高くて、様々な仕事や生活、人生における指標となり得るものなのです。

『孫子』に兵法として書かれていることは、読み手の立場や状況に応じて活かされるものとして、捉え直すことができるのです。

教育について言うと、これほどぴったりと教育そのものを表す言葉がほかにあるでしょうか。子ども達、保護者、地域社会と環境というものの実情をよく知り（彼ヲ知リ）、教師自身の特性を十分に知り尽くして（己ヲ知レバ）いれば、教育がスムースにいく（百戦シテ殆ウカラズ）ことは、まちがいありません。

このほかにも『孫子』には、教育にも取り入れられる言葉や考え方がたくさんあるのです。

それらを取り出して、教育にこのように活かしていけますよとまとめたものが、本著です。

教育に携わっていて、悩んだり苦しんだりすることは山ほどあります。教師としての在り方に迷うこともあるでしょう。そんな時、二千五百年にわたって長く生き残ってきた優れた考え方である『孫子』の兵法が、きっと大きなヒントを与えてくれることでしょう。

この本から、一つでも二つでも「自分の今の教育」に合った言葉（兵法）を見つけてくだされば幸いです。

追手門学院小学校
多賀一郎

＊『孫子』の書き下し文は、公田連太郎訳・大場彌平講『孫子の兵法』中央公論社、一九三五年をもとに、新字、新仮名遣い、片仮名表記にさせていただきました。なお、一部、金谷治訳注『孫子』（岩波文庫、二〇〇〇年）を参考にさせていただきました。

目次

目次

第二章　学校は戦場でもある　35

目次

第一章　『孫子』の兵法と教育

「教育は戦いではない。」

確かに，戦闘でも戦争でもない。

しかし，戦いのような厳しい場であることは，間違いない。

① 教育とつながる孫子の精神

1 戦わずに勝つ
――「百タビ戦ッテ百タビ勝ツハ、善ノ善ナルモノニアラザルナリ」

『孫子』では戦わずに勝つことを最善の策と考えていました。百回戦って百回勝ったとしても得策ではない、戦わないで敵を降伏させることこそが一番なのではないかと問いかけています。

若い教師はすぐに戦いたがるものです。僕自身がそうでしたから、あまり偉そうには申せませんが、勝負して勝つことに酔ってしまうのです。

ある若手の教師が個人面談から職員室に戻ってきました。そして、こう言い放ちました。

「ばっちり言いたいことを言ってやりました。親はぐうの音も出ませんでしたよ。すっきりしました。」

子どもの問題行動について、保護者に具体例を突き付けてぼろくそにけなしたのです。彼の顔には勝利の喜びが浮かんでいました。

僕はそれを聞きながら恐ろしくなりました。その後のことを考えてしまったのです。

懇談から帰った保護者は、わが子にどんな対応をしたのでしょうか？　落ち着いてじっくりと語り合えたのでしょうか？　その子どもは立ち直るきっかけを持つことができたのでしょうか？

確かなことは分かりませんが、完膚なきまでに保護者をやっつけてしまって、その結果が良かったなどということは、僕には一度もありませんでした。

若い頃は、保護者になめられたくないという気持ちが強いものです。よけいな戦いを挑んで勝とうとする気持ちが強くなるのはよく分かります。けれども、保護者と戦うことで教育者としてプラスになることは何一つないのです。（ただし、強烈なモンスター・ペアレントについては、戦うべき時もあります。）先生への恨みだけが残るかも知れません。

では、どうすれば戦わずに勝てるのでしょうか。具体的には第三章の「対保護者」のところで述べることにします。

心の持ち方としては、保護者を信頼するということです。ＤＶや過干渉のように子どもにとって危険な保護者を除いて、多くの保護者はわが子のことを愛しています。教師にはとうてい及ばないほど深く愛しています。ただ、その愛し方が上手くいっていないために、子どもにとってマイナスな言動に陥ってしまうのです。

ですから、保護者の琴線に触れるような話に持っていくのが、一番良いのです。教師も子どもを大切にしていることを保護者に伝え、「子どもの良さをお互いに認めていきましょう」という姿勢で話すことが大切なのだと考えています。

保護者と戦わずに教育としての道筋を立てることが肝要なのです。

「孫子曰ワク、オヨソ兵ヲ用ウルノ法、国ヲ全クスルヲ上トナシ、国ヲ破ルハ之ニ次グ。軍ヲ全クスルヲ上トナシ、軍ヲ破ルハ之ニ次グ。……是ノ故ニ、百タビ戦ッテ百タビ勝ツハ、善ノ善ナルモノニアラザルナリ。戦ワズシテ人ノ兵ヲ屈スルハ、善ノ善ナルモノナリ。」

孫子は言う。戦いにおいて相手を撃破せず完全なまま降伏させるのが最上の方法であり、戦闘をして撃ち破るのは、それよりも下策である。軍隊も戦闘をせずに降伏させる方が良い。……ゆえに、百回戦闘して百回勝ちを収めても善い方法だとは言えない。戦わないで相手を降伏させるのが最善なのである。

②『孫子』は生き方、在り方を問う

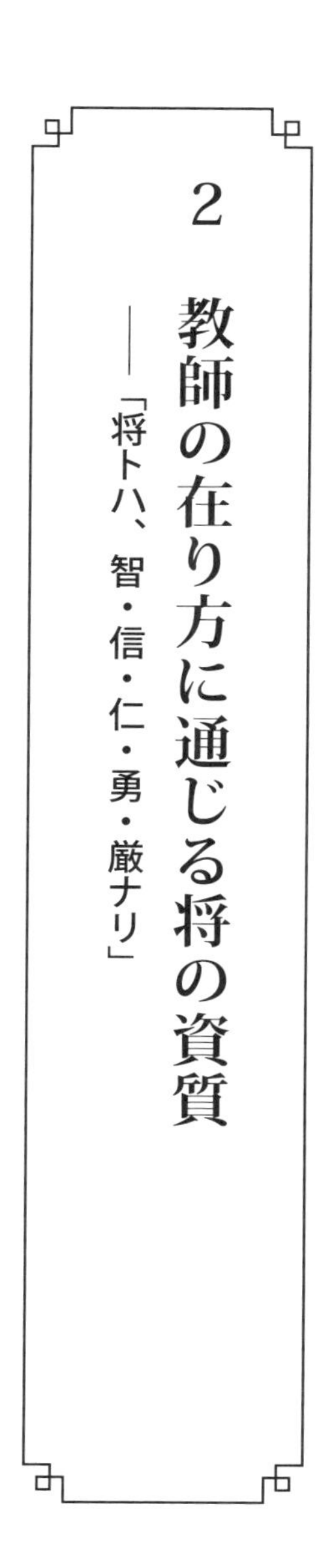

2　教師の在り方に通じる将の資質

——「将トハ、智・信・仁・勇・厳ナリ」

『孫子』では、生き方、特に在り方というものを明快に論じています。将の在り方についても、五つの要素を挙げて優れた将軍とはかくあるべしと語っています。そこでは、優れた将軍の資質を、智・信・仁・勇・厳の五つのポイントにして列挙しています。

『孫子』における「将」とは、もちろん直接采配を振るう将軍のことですが、これを教師にあてはめて考えると、すっぽりとはまるではありませんか。ここは、「教師とは、こうでなくてはいけないのではないのですか?」と読み替えることができるのです。

智……知略（先を見通して、謀略を駆使できること）

教師は見通しを持てなければなりません。子どもに、授業に見通しのある教師は、余裕があります。

四月に不適切な言動をしている子どもがいても、

「こういう付き合い方をしていれば、二学期の後半ぐらいには、変わってくるだろう。」

と考えることができるのです。こういう手立て（謀略は手立てと読み替えます）さえ打っていけば、いつかはきっと良くなるという予測なのです。

授業においても、子どもの正解発表に飛びつくことはせず、もう一度子ども達に返して考え直させることができる教師は、余裕があるのです。授業で勝算がしっかりあるということです。

優れた教師たちは、四月の学級開きの時点では、子ども達の不適切な行動に対して鷹揚にかまえています。それは二学期の後半くらいになれば

「きっとこういうふうになっていくだろう。」

という予測が立つからです。

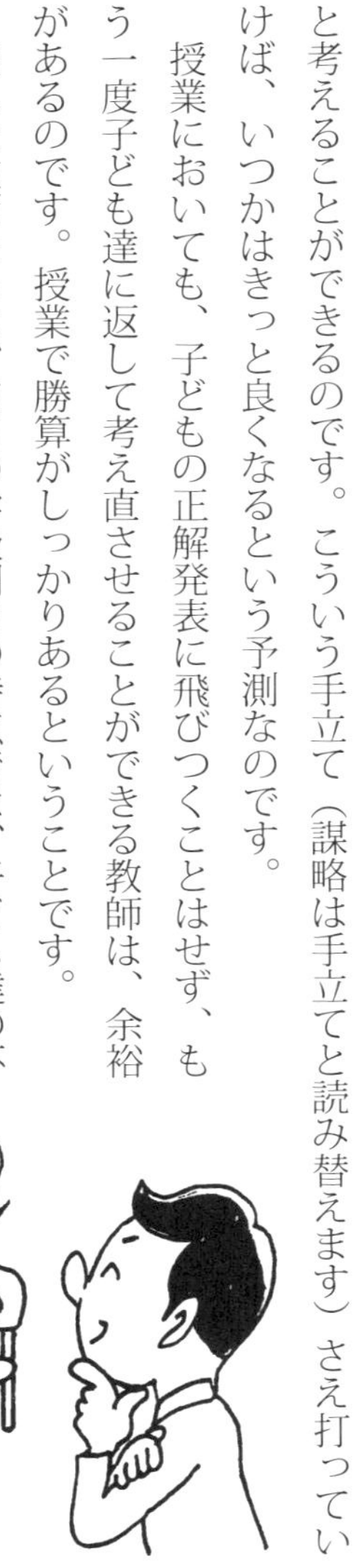

信……信義（部下から信頼されること）

教師の場合は、子ども達から信頼されることです。学級崩壊したクラスでは、教師に対する子どもの信頼はほぼないと言ってもよいでしょう。

それは教師の様々な言動に対する不満や反発が積み重なっていくからです。

難しいのは、信頼は子どもに媚びても決してできないということです。媚びる先生はかえって子どもからバカにされてしまいます。

信頼されるためには、いくつかのポイントがあります。話がぶれないこともその一つです。

昨日は偉そうに

「クラスの仲間は、助け合おう。」

などと言っていた先生が、今日は

「一人ぐらい放っておけ。さっさと行こう。」

ということなどがあると、「どこが助け合いなんだ！」と、子ども達は教師の言うことを信用しなくなります。

信頼されるために何よりも必要なことは、子ども一人ひとりを人間として真っ直ぐ見ることだと、僕は思っています。

仁……仁愛（部下を思いやること）

教師にとって最も重要な資質だと言っても過言ではないのが、子ども達への思いやりの心です。言い換えると、子ども達への「愛」があるかどうかです。

子どもは敏感に教師の愛の有る無しを感じ取ります。愛さえあれば何をやっても大丈夫だなどということはありませんが、教師として子どもを愛せない人は、この仕事に向いていないと言っても良いでしょう。

愛するということは、単なる教師の資質ではありません。初めからどの子も愛せる教師がいるのではありません。努力して身に着けることのできる技術なのです。

子ども達を愛するには、たくさん話したり遊んだりしてつきあうことです。さらにつきあいながら、子どもの良いところだけを見ていくのです。子どもといると誰でも、ついつい悪いところばかりに目が向きやすいものです。それではアマチュアです。プロとして、子どもの良いところをつかめるようになるべきです。

良いところを見つけていかない限り、愛することは難しいのです。

そして、どうしても相性が悪くて愛せなかったら、その時は少し距離をとってあげることも必要です。

勇……勇断（勇気を持って実行すること）

教師はどうしたら良いのか決断を迫られる場面によく遭遇します。

「ここで叱るべきか？　話し合うべきか？」

など、様々な場面で決断しなければならない時があります。

その時に勇気を持ってなんらかの決断を下せないと、子ども達は路頭に迷うことになりかねません。

決断のできない教師を子ども達は

「頼りない先生だ。」

と、嫌います。教室で唯一の大人である教師の迷っている姿は、子ども達のモデルにはなり得ません。決断は責任を伴うので、勇気のいるものです。

子ども達は教師の決断をじっと見つめているのです。その目に応えられる決断をしましょう。

厳……威厳（畏れられるものを持っているということ）

教師には威厳がなくてはなりません。たとえ優しくて子ども達に柔らかい姿勢で接する教師であったとしても、ここぞという時には、子ども達を引っ張っていけるような威厳は必要です。それは、大声で怒鳴ったり、体格で威圧したりするような暴力的な怖さではありません。子ども達が自然と話を聞いてしまうような雰囲気のことです。

身体の大きな教師でも、威厳がないとバカにされる場合だってあります。醸し出す人間力とでもいうようなものが必要なのです。

若い先生方は初めから威厳等というものは持ち合わせていません。見かけが怖い先生は畏れられることもありますが、それは威厳ではありません。ベテランの先生が子ども達の前に立ったとき、怖い顔をしなくても、怒鳴らなくても、子ども達が黙って聞いているのを見たことはありませんか？

威厳のある教師は、子どもや保護者に厳しいことを言っても、納得させてしまえます。話を聞いてもらえます。決して大声を出さずに威厳のある先輩たちの姿から、学んでいきましょう。

ここまで五つの「在り方」について述べてきました。これらはまさしく教師の在り方そのものです。特に若いこれからの先生たちは心において身に着けていってほしいと思います。しかし、なかなかこれだけの資質を全て兼ね備えるのは難しいものです。身に着けていく努力はしていくべきですが、そう簡単にはいきません。

一人ですべての資質を身に着けることが難しいのであれば、自分にないところを補い合うチームの発想が必要です。この発想を持てば、人を活かし自分も活きる教育ができるのではないでしょうか。

「将トハ、智・信・仁・勇・厳ナリ。」

将軍は、知略・信義・仁愛・勇断・威厳を併せ持つ必要がある。

3 勝たねばならない時もある
――「算多キハ勝チ、算少ナキハ勝タズ」

戦いに臨む時に、計算（見通し）が立てば勝ち、計算が立たなければ勝てません。この見通しを持てるか持てないかは、結果に大きく影響するということなのです。

教育において、「戦う」という言葉はなじまないような気がします。しかし、教師は、勝負して勝たねばならない時が必ずあるのです。

一人の子どもがいじめにあっていたとします。いじめている子ども達を叱責してことが足るようなら、そもそも大したいじめではありません。

根の深いいじめならば、教師が中途半端に介入したために、いじめが陰湿なものに変わったり、隠れて行われたりするようになるということがあります。

だから、子ども達はいじめにあっても、なかなか教師には打ち明けないものなのです。いじめ案件は戦いです。教師はこれにぶつかって、絶対に勝たなければならない戦いなのです。

この場合の「勝つ」ということは、どうなることなのでしょうか。

それはまず、二度と被害者の子どもに対するいじめが起きないようにすることです。教師が介入すると、たまに
「お前、先生にちくっただろう！」

などと、さらにいじめが陰湿でひどくなるということがあります。被害者自身も
「もう絶対に先生には言えない。」

と思ってしまうのです。

そんなことになるような介入の仕方をしては、戦いに負けたも同然です。

次に、加害者である子ども達へのケアがうまくいくということです。強く叱責したらすぐに反省して解決の方向へ向かうというのは、せいぜい低学年までです。加害者が二度といじめをしないと心から思うような指導をしなければ、戦いに勝ったとは言えないでしょう。

いじめ案件のような難しい課題こそ、見通しというものを持ってから戦いに入らなければならないと思います。加害者を呼びつけて叱りとばしてすむのならば、こんなに楽なことはありませんが、実際には先ほど述べたようなことが起こるのです。あわてて手を出すのではなく、じっくりと状況を分析して、勝算を見通すことが必要なのです。

四年生を担任していた時、一人の子どもがいじめられているのではないかと疑いました。まず、被害児童を別の用事で呼び出して二人で話をしました。

「いじめにあっているんじゃないか？　先生がなんとかしようか？」

いじめられていると分かっていてこういう聞き方をするのは、子どものプライドを大切にしたいからです。そして、まだ少し余裕がありそうだと判断していたからです。

「大丈夫です。自分でがんばれます。」

いじめを認めた後、彼はそう言いました。

「そうか。では、自分でがんばってみなさい。先生はずっと見守っているからね。もしももう無理かなって思ったら、すぐに言ってくるんだよ。先生がなんとかするから。」

そう話してから二カ月。僕はその子を中心とした子ども達の観察を続けました。

そして、二カ月後、彼は
「先生、もうがまんができません。限界です。助けてください。」

と申し出ました。

僕はその段階で、いじめの質、中心人物、どのような場で何が行われているのか、関わっている子ども達とそれぞれの関わり方についてじっくりと見て、記録もとっていました。

ですから、その子に言われてすぐに行動にうつすことができました。決して思いつきの勢いでする指導ではありません。どうすれば良いのかと見通しを立てて実行したわけです。

もちろんその子へのいじめは止み、加害者の子ども達も深く考え直してくれたようでした。

（その後の観察は怠りませんでしたが。）

このように、戦わねばならない時があり、その時には必ず勝たないと、多くの子ども達が傷ついたり、教師への信頼がなくなったりするのです。

勝つために見通しを持つこと。そのために観察などで情報収集をしなければならないということです。

「ソレイマダ戦ワズシテ廟算（びょうさん）シテ勝ツ者ハ、算ヲ得（う）ルコト多キナリ。イマダ戦ワズシテ廟算シテ勝タザル者ハ、算ヲ得ルコト少ナキナリ。算多キハ勝チ、算少ナキハ勝タズ。」

戦いの前に作戦を立てて勝つことのできる者は、勝つための見込み（情報等）をたくさん持っている。作戦をいくら立てても勝てない者はこの見込みが少ないのである。見込みを多く持つ者は勝ち、少ない者は勝てないのである。

④　五つの基本と教育とのつながり

4　道、天、地、将、法は、教育の条件
――「之ヲ知ル者ハ勝チ、知ラザル者ハ勝タズ」

『孫子』では、一番初めの「始計篇」において、戦争は国家の大事だと述べてから、戦争はやむを得ずに行うものであるが、国家の存亡のためには戦争の法則性を研究しなさいとあります。何を研究するべきかと言うと、五事（五つの基本課題）だと言うのです。

これはある意味、誰でもが一応は考えるような当たり前の内容ですが、深く細かく分析していくことが大切だと説いています。

教育においても、この五つのことは、基本的に考えるべきこととして頭に置いておきたいことです。それぞれについて、教育の視点から考えてみましょう。

道……道トハ、民ヲシテ上ト意ヲ同ジクセシムルモノナリ

――教育とは、先生と子どもの心を一つにすること

『孫子』で言われている「道」とは、大義名分のことです。昔から、中国のみならず、日本でも世界でも戦うには大義名分が必要でした。

教室にも「道」が必要です。教室に掲げているスローガンなどもその一つですが、常日頃教師が口にしている考え方なども、それにあたるでしょう。教師も子ども達も同じ方向を向いて歩める「道」が必要なのです。子ども達と教師の心を一つにできれば（同調圧力ではなく、その考え方に納得して）、こんなに素晴らしい教育はないでしょう。

しかし、真に心を一つにするということは、とても難しいことでもあります。心が一つになっているように見えていても、実際は教師と子ども達、また、子ども達同士の心がつながっていないということはよくあるのです。

例えば教師の強力なリーダーシップで子ども達が引っ張られている時です。

この状態は、その教師がいないところでは、簡単に崩れてしまいます。教師がいかに優れた人格者であろうとも、子ども同士の横のつながりができていないと、心を一つにはできません。

こういうクラスは、学年が変わり、別の先生が担任になったとたんに、大きく崩れてしまうことも多いのです。

もう一つは、同調圧力がかかっている時です。同調圧力のかかる理由はいくつもありますが、

「一つに心をそろえているふりをしなくてはならない。」

という場になっているとしたら、何人かの子ども達にとって、教室はとても居心地の悪い場になってしまいます。

学級というものは、ゆるい縛りがかかっているぐらいで良いのです。ちょっとでもみんなの方針と違っていたら糾弾されそうなムードというのは、本当に生きづらいものです。

縛りはゆるくて、各自が自由にものを考えられる状

態であって、なおかつ、一つの考え方に賛同してついていけるのが、僕にはベストに思えるのです。

天……天トハ、陰陽・寒暑・時制ナリ

――気温や気候と教育は関連する

陰陽は、昼間と夜のことで、晴れと雨なども表します。寒暑は分かるでしょう。時制とは、季節の折々だということです。

気温や天候に逆らっても良い結果は得られないということなのです。

教室では、子ども達が快適に授業を受けられる外的環境づくりが大切です。

真冬の厳寒期に

「オレは少々のことでは暖房は入れない。」

と、かたくなにがんばる教師がいました。教室は五度以下の温度になり、子ども達の何人かの唇が紫色になって

いるのにもかかわらずです。

「このぐらい大したことない。少しぐらいがまんさせないと。」

と言うのです。

しかし、彼は厚手のセーターを着込み、パッチも履いている上に、教壇をずっと立ち歩いているのです。

自分は寒くないかも知れませんが、半ズボンでじっと座って聞いている子ども達の環境づくりという視点に欠けているのですね。アクティブ・ラーニングをしていたのなら、分からないでもないですが……。

『雨の日と月曜日には』というカーペンターズの曲があります。僕は月曜日に朝から雨が降っていたら、必ずと言ってよいほど、この歌を口ずさんでいます。

雨の日と休み明けの月曜日には、大人でも気分が曇りがちなものです。まして、その二つが重なると、ますます憂鬱な感じがします。

天候が悪くなくても、月曜日の子ども達は朝からテンションがおかしいものです。連休明けなのですから、当然でしょう。生活リズムも少し狂ってしまっているのでしょう。一時間目から落ち着きがなく、集中力もありません。

また、雨の日の子ども達も調子よくありません。雨の日は大人でも気分がうっとおしいものですし、雨だと運動場で元気よく走り回って遊ぶこともできません。湿度も高くなって、身体がだる重く感じることもあります。

高学年ならば、それでもがんばってやれる子ども達もたくさんいますが、低学年で月曜日から雨となると、子ども達は活力も弱くて動きも鈍いものなのです。

そういう時に、先生だけが張り切って

「さあ、みんな張り切って、がんばってやろう！」

などと言っても子ども達は乗らず、成果は全く上がらないものです。

雨の月曜日には、作業的な学習（プリントの問題を解くとか、新聞づくりなど）を多く取り入れたり、協同学習中心にしたりして、一斉授業の割合を減らすと良いです。

低学年だと、算数塗り絵みたいなプリントを用意しておいて、遊び気分で復習をこなすということも考えるべきでしょう。

絵本の読み聞かせをたくさん入れるのも良いでしょう。それだと子ども達は集中して聞いてくれます。

要するに、天気や時節に逆らって、無理しない方が良いということです。

地……地ト八、遠近・険易（けんい）・広狭・死生ナリ
――地理的条件を鑑みること

教育における地理的条件とは、地域社会と自然環境のことになります。

新学習指導要領では、地域社会との連携ということがたくさん書かれています。教科となった道徳にも、カリキュラム・マネジメントにも、地域社会との連携ということが謳われています。

地域によって求められる実情は全く違います。中学受験をする子どもが多くて進学熱の高い地域だと、学校の授業の内容の良し悪しが問われます。

一方で

「楽しく学校へ行ってくれさえしたら、それでいいんだ。」

と言われるような地域もあります。そこで大切なのは勉強よりも学力よりも、楽しさや元気であるということなのです。

子ども達の問題行動の多い地域で活躍した教師が、意気揚々と子ども達の落ち着いた地域の学校へ行ったら、そこでは彼のやり方は通用しなくて、ついには休職してしまったということさえあります。

やはり、その場所その場所に応じた教育をしていかないと、やっていけないということだと思います。

その地域のニーズに応えていくということは、教師にとって大切な考え方なのです。

そして、自然環境、立地環境も重要です。

新指導要領のカリキュラム・マネジメントでは、それらを活用していくことが必要だと述べられています。

河川や里山があれば、それを大いに活用したプログラムを組むことができます。近くに商店街や中央市場があれば、それらは大きな教材になり得ます。地域の人たちにとっても、子ども達にそうした人々のくらしをよく知ってもらうことは、地域振興にもつながることになります。

地域をよく知って、それを教育に活用していくことは、本来、教育の王道だと言っても良いでしょう。

将……将トハ、智・信・仁・勇・厳ナリ

――教師に必要な力量に関すること

これに関しては、第一章の②（十三頁）で詳しく述べました。

法……法トハ、曲制（きょくせい）・官道（かんどう）・主用（しゅよう）ナリ

――教室、学校のルールときまり

法とは、軍の制度、軍律のことです。曲制は軍隊の部分けとその制度のことであり、官道は職分の決め方であり、主用とは運用の仕方のことです。

これらを学級にあてはめて考えてみましょう。

曲制は、グループ編成やグループのきまりです。班ごとに分かれてきまりを作ることが当てはまるでしょう。ここを適当にしてしまうと、子ども達からの信頼を失うことになります。

官道は、学級代表や班長等を決めるときの決め方のことです。

昔、班長を先に立候補で決めて、班員は、その班長のところへ行きたいものが集まるというやり方をしたことがあります。口の達者な賢い二人が班長になったのですが、

「先生、誰も俺たちのところへ班員になりたいって、きてくれない。どうしたらいいかな。」

と言ってきました。

「どうして自分たちのところに班員が集まらないか考えてごらん。」

と言うと、しばらく二人でぶつぶつと話していました。そうして、自分たちの言動に問題があるということを言ってきました。

そこで、この二人は、クラスのみんなに

「自分たちは決して、きたない言葉で文句をつけたりせずに、みんなの意見に従う。」

という宣言をして、ようやく班員を確保しました。

大切なのは、グループ組織をどう運用していくかということです。これは、一年生くらいではモデルを示して、それを真似してやっていく経験を積ませるのが良いでしょう。二年生以上では、子ども達の自治的能力を育てることを考えて、できるだけ任せていくということが良いのではないでしょうか。

第二章　学校は戦場でもある

教師は，子ども達にとって，砦である。
子ども達を守るために戦うものである。

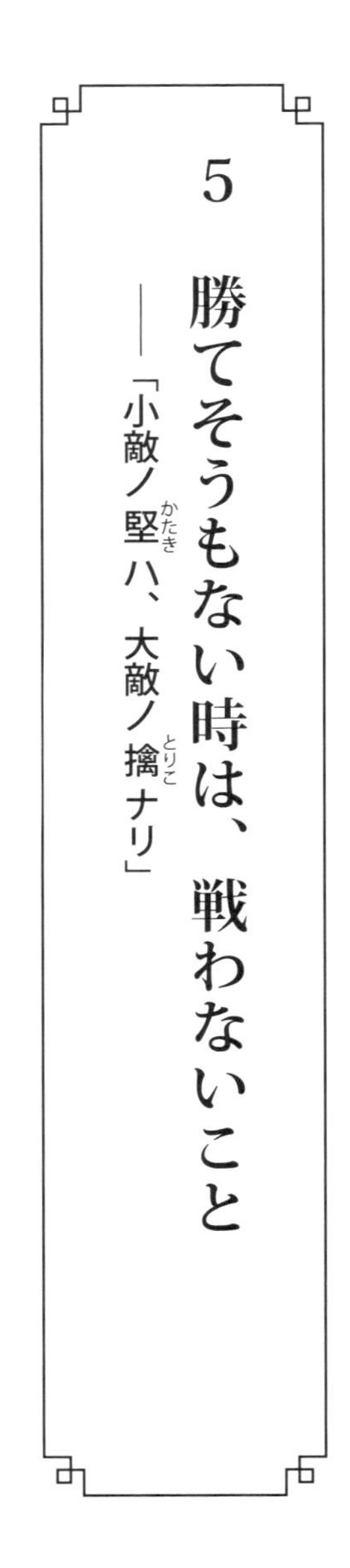

5 勝てそうもない時は、戦わないこと
――「小敵ノ堅（かたき）ハ、大敵ノ擒（とりこ）ナリ」

「小敵ノ堅ハ、大敵ノ擒ナリ」というのは、劣勢なのに勝負を挑んでは、強い敵にたちまちのみこまれてしまうという意味です。

強い相手に立ち向かっていくのは格好良いですが、玉砕して終わりです。

教育における強い相手って、誰でしょうか。まずは、一般の先生方にとっては管理職とか教育委員会とかになるでしょう。それらは時には強力な味方にもなり、時には敵にもまわります。たまに強権を振り回すだけの管理職に出会ってしまったら、とりあえずは真っ直ぐ意見は述べるべきです。しかし、その意見を聞く耳を持たない方だった場合は、学校において確固たる位置を確保できている存在になるまで、戦わずに自重しましょう。

学校にとって必要な存在になってしまえば、ふつうは話を聞いてくれるようになるものです。

(たまに、そうではない方もいらっしゃいますが……)

管理職は二、三年でいなくなるものです。それまで力を蓄えておくという発想を持てば良いのです。

大切なことは、自分の力(能力、人間力、学校での力など)をよく考えて、無謀な戦いは控えることです。


「兵ヲ用ウルノ法、十ナレバ則(すなわ)チ之(これ)ヲ囲ミ、五ナレバ則チ之ヲ攻メ、倍スレバ則チ之ヲ分カチ、敵スレバ則チヨク之ニ戦イ、少ナケレバ則チヨク之ヲ逃(のが)レ、若(し)カラザレバ則チヨク之ヲ避ク。故ニ小敵ノ堅(かたき)ハ、大敵ノ擒(とりこ)ナリ。」

戦闘においては、相手の十倍の兵力があれば敵をとり囲み、五倍の兵力ならば攻撃を仕掛け、二倍くらいならば相手を分断させて、同等の兵力ならばしっかりと戦い、こちらの兵力の方が少なければ戦闘を避ける。勝てそうもないときは戦わないのである。

6 相手をよく知りつくすことが大切
――「兵ハ詐ヲ以テ立ツ」

「詐」とは、あざむくことです。決して良いことではありません。『孫子』では、

「諸侯たちの腹の内が分からないと、同盟することはできない。山林や険しい地形、湖沼などの地形がわからなくては、軍隊を進めることはできない。その土地の先導役を使えないのでは、地形の利を得ることはできない。」

と、述べられています。

そのうえで相手を欺くために臨機応変の処置をとるのだと言います。

教育においては、「欺く」という言葉は適当ではありません。これを「考える」と置き換えてみましょう。

つまり、

「相手の考え方や動きを知らなければ、仲良くなることはできない。地域の特性を知らなければ、次の一手が打てない。その地域のいろいろなことを教えてくれる人がいないと、適切な指導が考えられない。」

というふうにとらえるのです。

保護者の考え方は地域によって異なります。その地域に合った教育をしなければ、うまくいくはずがありません。三十一頁でも述べましたが、

「うちの子ども達は楽しく学校へ行きさえしてくれればいいんですよ。勉強なんて別にできなくてもいいんです。」

などとおっしゃる地域が実際にあります。

かと思えば、

「もっときちんと授業をしてください。もっとレベルの高い授業をしてくださらないと、子ども達の力がつきません。」

などと言われるところもあるのです。

では、その地域の考え方は誰に聞けば良いのでしょうか？

それはもちろん、元々その学校で何年か経験を積んでいる先輩方からです。自分のやり方が絶対に正しいと思っていても、先輩からその地域の在り方を聞いて、そこに合わせた教育をしなければ、受け入れてもらえないのです。

逆に、以前の地域で成功した方法を新しい地域の特性を考えずに実施しようとすると、誤解や抵抗が生じやすいのです。それは、同時に同じ学校の同僚とも摩擦を生む原因ともなります。謙虚に情報を集めて精査し、慎重に実践していくことが大切です。

「諸侯の謀（はかりごと）ヲ知ラザル者ハ、予（あらかじ）メ交ワル能（あた）ワズ。山林・険阻・沮沢（そたく）ノ形ヲ知ラザル者ハ、軍ヲ行（や）ル能ワズ。郷道ヲ用イザル者ハ、地ノ利ヲ得（う）ル能ワズ。故ニ兵ハ詐（さ）ヲ以（もっ）テ立チ、利ヲ以テ動キ、分合（ぶんごう）ヲ以テ変ヲナス者ナリ。」

諸侯がどんな策を持っているかを知らなければ、交渉はできない。山林や険しい地形、湖沼などの地形を知らずに、行軍はできない。先導となる者を登用しなければ地形の利は得られない。戦いというものは騙し合いで成り立つところがあり、利益で誘い出したり分散や集合を繰り返して変幻自在でなければならない。

7　最も大事に考えているところをつくこと
――「先ズソノ愛スル所ヲ奪ワバ、即チ聴カン」

人は、どんな時に話を聞くようになるのでしょうか。

その人の話が自分のためになるなと感じた時もそうでしょう。必要に応じて聞かざるを得ない時も聞くでしょう。しかし、何よりも、語る人との信頼関係ができないと話は聞けないものです。

中身が素晴らしいから聞くというのは、よほどの話をしない限り難しいことだと思います。

人は関係性において、話を聞くのです。

保護者に話を聞いてもらおうとした時、どうすれば聞いてくれるようになるのでしょうか。

それは、

「あなたのやっているこういうところがダメです。」

というアドバイスではありません。特にわが子のことや自分の教育に対して否定的に言われた時、人は話を受け入れにくくなります。

「聞く」というのは、相手の思いを受け止めるという行為なのですから。


低学年の時の話です。

一人の子どもの状態がとても良くなくて、本来はこんな子どもじゃないだろうと思うのに、どうも他の子どもに対して厳しく意地悪に出てしまうことが続きました。優しさが表には出てこないのです。お母さんが心配して話に来られました。少し頼りないお姉ちゃんと病気がちの弟がいる子どもでした。とてもしっかりしていて、家じゅうで一番元気な子なのです。

「先生、うちの子はどうしてあんなことばかりしてしまうのでしょうか。私にもどうしていいのか分からないんです。」

困っていらっしゃいました。

僕はその子のお母さんにその子の優しいところを具体的に話した後、説明が下手なので、ついきつい言い方で言い返してしまうことがあると話しました。

そして、僕がその子と二人で話した内容を伝えました。

「私はお母さんに嫌われている。好かれようとして、家でなんでもちゃんと自分でしてがんばっているのに、お母さんは、お姉ちゃんや弟のことしか考えていない。だから、私は嫌われているんだ。」

そんな思いを抱いているのだと伝えました。

「さびしい気持ちで暮らしているんですね。それでは、心に余裕なんてありません。友だちに優しくできるはずがありませんよ。」

お母さんはびっくりして、その後、涙をぽろぽろとこぼしました。顔もふかずに涙を流されたまま、たずねられました。

「先生、どうしたらいいですか？　私は、どの子にも同じように愛情を注いできたつもりでした。でも、あの子がそんなことを思っているなんて……。」

僕は、ともかくその子と二人きりの時間を作りなさいとアドバイスしました。ちょっとした用事で出るときに、一緒に行かないかと声を掛けたり、買い物には手伝ってもらったりして、二人きりでいる時間を作ること。そして、学校での態度の注意などは絶対にしないで、いろんな話をしたら良いのだと話しました。

「先生、まだ大丈夫でしょうか？　手遅れではありませんか？」

とおっしゃるので、

「大丈夫ですよ。親子ですからね、いつだって、関係は修復できます。」

と言いました。

次の日、その子は今まで見たこともないような素晴らしい笑顔で学校へやってきました。

「いいことがあったのかな?」

と聞くと、

「きのうね、お母さんと二人で話した。夜、二人でずっと泣きながら抱き合ってたよ。なんか、いい気持ちになった。」

と言いました。

四年後に卒業する時に、その子はお手紙をくれました。そこには、

「お母さんとはずっと仲良くやってるから、心配しないで。」

と、書いてありました。

子どものどこが良くないかを指摘しても、保護者にもひびきにくいし、子どもにも素直に伝わりません。

保護者が先生に呼び出されて学校に来る時は、みなさん、かまえてこられます。人は自己防御の意識が働きますから、鎧をつけて会談に臨むような感じになるのです。そんな状態のとこ

ろへ、子どものネガティブなことだけを持ち出しても、なかなか受け止めてもらうことはできないのです。保護者が最も大切にしたいこと、子どもを愛しているという心、そこに言葉を届けられたら、保護者も心を開いて話を聞いてくださいます。

『孫子』の言う「先ズソノ愛スル所ヲ奪ワバ、即チ聴カン。」ということを、

「保護者の子どもを愛する心に投げかければ、きっと話を聞いてくださいますよ。」

と、言い換えたいものです。

「敢(あ)エテ問ウ、敵衆整(せい)ニシテ来タラントセバ、之(これ)ヲ待ツコト若何(いかん)セン。曰ク、先ズソノ愛スル所ヲ奪ワバ、即チ聴カン。」

あえてたずねよう。敵が十分に備えて勢いこんでやってきたら、どうすればよいのか？　まず敵が最も重要視するところをうばってしまえば、こちらの言うことを聞かせられるものだ。

8 まともにぶつかるだけでは、能がない

――「実(じつ)ヲ避ケテ虚(きょ)ヲ撃ツ」

相手がどれほど強かろうとも、必ず弱い部分があり、そこにはつけ込むことができると『孫子』は述べています。

戦争においては、その弱くて脆そうなところをつけば、戦いやすいでしょう。充実していてすきのないところを攻めても、効果は薄いものです。

『孫子』では、この言葉の前に、戦争体勢は水のようであらねばならないと述べています。水は、地形によって流れの方向や勢いを変えます。また、器によってその形さえ変えてしまいます。

そして、水は高いところを避けて、低い方に流れます。それが、実を避けて虚を撃つということだと言うのです。

保護者対応は難しいものです。

教師は変なプライドを持っているので、まともにぶつかろうとする方が多いように思えます。

僕も昔は真っ直ぐ一辺倒でした。しかし、年齢と共に、それだけではうまくいかないことを実感して、やり方を変えてきたのです。

保護者から文句の電話が来た時、応戦している先生を見かけることがあります。

「いや、ですから、それは違いますって言ってるじゃないですか。」

などと反論している姿を見ていると、

「危ういなあ。それは危険なやり方なのに……。」

と、思うのです。

誰だって、理不尽なことや誤解で責められるのは辛いものです。

でも、まずは相手の話をとことん聞いていくことも必要なのです。もちろん
「そうです。おっしゃる通りです。」

などと肯定しながら聞かなくてもかまいません。そんなことをしたら、誤解が真実になってしまいます。後から
「先生は認めたじゃないか。」

とさらに攻撃されかねません。

「はあ、ふんふん。そうですか。」

というような曖昧な返事をしながら、相手にとことん話させることが大切です。人は、言いたい放題に言い切ってしまうと、逆に自分の言ったことに不安を覚える場合があります。

「まあ、そう言っても、こちらにも落ち度はなかったとは、言えませんしね。」

とか、

「先生も大変ですねえ。こんなことに付き合わされて……。」

とかいうふうに変化していったことが何度もありますが、それらは全てたくさん話を聞いて、相手が十分に話しきった後でした。

一時間近くさんざん文句を言ったあげくに、

「いろいろと聞いていていただいてありがとうございました。」

と言って電話を切った方もありました。

ただし、できればもめごとは電話で処理しない方が良いと思います。

また、相手の話を落ち着いてよく聞いていると、その矛盾点が出てきたり、最初と違うことを言いだしてきたりと、いろいろと突っ込めることが増えてきます。話を聞きながら、頭の中でその方に対する対策も考えることができます。相手の弱点も見えてきますから、それこそ、

「虚を衝く」ことができます。
相手が「実の状態」、つまり、かっかしていて攻撃性が増している時に、同じように言い合いをしてしまうと勝てません。相手の「虚を探る」ということも大切です。
聞くことは、その虚を探ることのできる手立てでもあります。案外、積極的な攻撃法の一つでもあるのだと、考えています。

「ソレ兵ノ形ハ水ニ象ル。水ノ形ハ、高キヲ避ケテ下キニ趨キ、兵ノ形ハ、実ヲ避ケテ虚ヲ撃ツ。水ハ地ニ因リテ流ヲ制シ、兵ハ敵ニ因リテ勝ヲ制ス。」

軍は水の在り方を写し取ったようなものである。水は高い所から低い所へ流れ、軍では強いところを避けて弱いところを攻める。水は地形によって様々な方向に流れ、軍は敵に合わせることで勝ちを得ることができる。

9 授業では、利を考えることもあり

──「利ヲ以テ之ヲ動カシ、卒ヲ以テ之ヲ待ツ」

優れた将軍は様々な方法を用いて敵を思うように動かします。その時に大切なのは、自軍の隊列を乱してはならないということです。どんな策を弄しても、自ら崩れていては話になりません。

『孫子』の兵法に語られている戦いに臨む基本は、必ずこの、自軍の体勢を整えることが大元になっています。

「利益誘導してそれに乗せてしまう」というのは、教育としては問題ありでしょう。しかし、授業という学校教育の中核をなす分野においては、時には必要なことなのです。

僕がここで言う「利」、つまり利益というのは、楽しさやおもしろさのことです。当たり前で分かり切っていることを復唱させるだけの授業では、子ども達はおもしろくないのでついて来なくなります。楽しくておもしろい活動をしながら、それに乗せられているうちに自然と力がついていくような授業も時には工夫したいものです。

例えば、

「地図帳を見て『山』のつく都道府県を探しなさい。」

というような課題を出すと、三年生くらいだとゲーム感覚で飛びつきます。そうして地図を細かく見ながら山のつく都道府県を探すのです、楽しそうに。地図帳に親しみ、都道府県名に意識を持つことのできる学習になります。

これなどは、利を以て誘うことになるのです。

一方、堂々と利を説明してから授業に入ることもあります。

「今からの授業は、君達同士で友達の言葉を聞き取って考える時間です。友達の話をきちんと聞き取ることが大切です。それができる力を持つと、君達が大人になって様々な人達と対話していく時の大きな力になります。そういう目的意識を持って、ここからの学習に取り組んでください。」

というように、子ども達に対話する意味を自分たちの利益だととらえさせてから、学習に入るという形です。その言葉だけで全員がそういう意識を持つとまではできませんが、少なくとも、何人かの子ども達は高い意識を持って学習に取り組んでいくと思っています。

このように、子ども達に「利」を示して授業をしていくということも、時には必要なことなのだと思います。

「善ク敵ヲ動カス者ハ、之ニ形スレバ敵必ズ之ニ従イ、之ニ予ウレバ敵必ズ之ヲ取ル。利ヲ以テ之ヲ動カシ、卒ヲ以テ之ヲ待ツ。」

優れた将軍は敵を利益誘導してそれに乗せてしまい、乗ってきた敵を必ず打ち取ってしまう。利益で誘い出しておいて、待ち伏せして、強力な兵力で乗ってきた相手を打ち負かすのだ。

10 集団の力学というものがある
――「勢(いきおい)ニ求メテ、人ニ責(もと)メズ」

これまでも何度か出てきていますが、『孫子』の言う「善(よ)ク戦ウ者」というのは、戦いの上手な将軍という意味です。『孫子』は、戦い上手な将軍は、何よりも勢いに乗ることを重視し、一人ひとりの働きに求めることはないと説きます。

学級で言うとチームとして機能するかどうかということです。

ところで、昔から、

「クラス全体のことを考えて行動しろ。」

とか、

「チームに迷惑をかけないで行動しろ。」

というようなことが言われてきましたが、そんな矮小な話として解釈しない方が良いでしょう。

一人ひとりに責任を負わせるのではなく、チームとしていかに機能するのかと考えるのです。一人ひとりに責任を持たせることも大切ですが、個人がしっかりしていてもうまくチームとしての力を発揮できない時があります。

それは、個人主義に走ってしまい、自分の領域はちゃんとするが、他のところはその担当の人の責任だなどと考える時です。そういう考え方の人間の多いチームは、力が十分に発揮できません。個人差を認められないからです。

個人差を認め合った集団ならば、自分のところもしっかりしながらも、友達のできていないところをフォローしようとします。そういう心根のあるチームは、個人の力量の総量をも超えたことができるようになります。


最近、学級としてのまとまり自体を否定的に見る方が増えてきました。学校という体制自体が制度疲労を起こしているのは事実ですが、まだまだ現行の学校現場では、先生たちは学級をチームとしてまとめることに力を使っています。

チームとして勢いに乗っている時は、個人の気持ちが抹殺されてしまう危険性はあります。そのことに対する配慮は必要です。

本当に一つになろうとする集団は、必ず周りに対する心配りを持っています。そして、個人の失敗を責めたりせずに、チームとしての力を高めるために努力するものです。
そうしてまとまったチームが勢いに乗って進んでいくと、大きな成果が得られるものです。それを仲間たちと共有することで、自分独りでは味わえなかったチームとしての充実というものを実感することができるでしょう。

「善ク戦ウ者ハ、之ヲ勢ニ求メテ、人ニ責メズ。故ニヨク人ヲ択ビテ勢ニ任ズ。勢ニ任ズル者ハ、ソノ人ヲ戦ワシムルヤ、木石ヲ転バスガ如シ。」

戦に長けた将軍は、勢いを大切にして一人ひとりの責任にはしない。従って、勢いがつけられるような人選をする。高いところから自然と木石が転がるのと同じように、兵士に勢いをつけるのである。

11 子どものかまえを打ち破る

――「守ラザル所ヲ攻メル」

敵の思いもよらないところを撃って出ると、必ず成功します。敵の守っていないところを攻めれば、敵は必ず打ち破れます。戦いに臨む時、敵だっていろいろと考えて守るかまえを作るでしょう。ところが、どこかに守っていないところがあるものです。敵の予測しきれないところです。そこを攻めることで、自由自在に敵を翻弄することができるのです。

子ども達は、教師〔大人〕に対して、かまえます。

「こう言ってきたって、こたえないぞ。」

「きっとこう言うにちがいないけれど、そんな時には、○○○と言い返してやるんだ。」

などと、防御をいろいろと用意するのです。

それをよく、大人たちは

「そんなのは、屁理屈だ。」

と切って捨てようとします。屁理屈だって理屈です。子どもを納得させて次の行動へ向かわせるように持っていかねばなりません。


ある時、教室でグループに分かれて協同学習をしていました。一グループ四人ずつでだいたい男女が半々くらいの構成になっていました。

子ども達を見ていると、一つのグループがもめていました。少しわがままのきつい子どもがいて、どうも女の子たちとぶつかっているようです。しばらく様子を見ていましたが、一向に収まる気配がありません。


女の子たちが席を立って僕のところへやってきました。

「先生、Ｂ君がちゃんとしてくれません。」

「私たちの話を全部嫌だと言うので、じゃあどうしたいの？　と聞いても、ぶつぶつ言うだけでなんにも言ってくれないんです。」


本当に困ってしまったようでした。

「分かった。君たちは席にもどっていなさい。」

と、とりあえず、座らせました。

「B君、ちょっとおいで。」

女の子たちの先生に言いつけにいく様子を、本棚のところで本を探すようなふりをしながら、ちらちらと見ていたB君は、肩に力を入れてやってきました。

「オレは悪くないぞ。あいつらが悪いんだ。先生がなんと言おうと、オレは絶対に納得しないからな。」

と、姿で語っていました。

B君が前に来た時、僕は

「先生に何かできることがありますか?」

と聞きました。

彼は一瞬「はぁ?」という表情をしました。肩の力がすっと抜けたのが分かりました。

そして、しばしの沈黙の後、こう言ったのです。

「ありません。」

そうして、グループにもどった彼は、女子とも相談しながら、きちんと協同学習をしていました。

もしもあの時、僕が

「なんでみんなとちゃんと話し合いができないんだ。」

「君の態度は間違っているんじゃないか。」

などと、責めるようなことを言っていたら、彼は言い訳にもならない言い訳を繰り返して、先生も彼もどんどん良くない方向へ向かっていっただろうなと思うのです。

正しいことを真っ直ぐ伝えるだけでは、教育はできません。子どもが予想もつかないところから攻めていくことも、大切だと思うのです。

子どもは責められると感じた時に、自分を守ろうと必死でかまえるものなのです。

ある女の子がいじめにあっていると相談してきました。過去に担任した子どもでした。その時はもう担任ではなかったのですが、いじめに加担していた子ども達とも僕は仲が良かったので、僕の周りにときどきやってきていました。

ちょうど中心になっている子どもと校内で出会って話す良い機会があったので、世間話のついでのように言いました。

「なあ、お前のお母さんが、以前個人面談した時に

『自分も昔いじめにあって辛い思いをしていたから、我が子には絶対にそんなことはしてほしくありません。』

と、涙を浮かべておっしゃっていたことがあるんだ。

今、お前たちのしていることをお母さんに話したらきっと辛いだろうなあ。」

その子は真っ青な顔になって

「先生、それだけはやめて。お願い、二度としないから。」

と言いました。

それだけで充分でした。お母さんと姉妹のように仲の良い親子でしたから。

もちろん、一言もお母さんにはお伝えしていません。

これも、守っていないところを攻めたということです。いじめ案件は簡単には制御できません。こういう攻め方もありだと思っています。

「攻メテ必ズ取ルハ、ソノ守ラザル所ヲ攻ムレバナリ。守レバ必ズ固キハ、ソノ攻メザル所ヲ守レバナリ。故ニ善ク攻ムル者ハ、敵、ソノ守ル所ヲ知ラズ。」

攻撃すれば必ず勝つのは、守っていないところを攻めるからである。守りが固いのは、攻められないところを守っているからである。だから、優れた将軍の守るところは敵には分からない。

愛読者カード

―

今後の出版企画の参考にいたしたく存じます。ご記入のうえご投函くださいますよ
お願いいたします。新刊案内などをお送りいたします。

書名	

1. 本書についてのご感想および出版をご希望される著者とテーマ

※上記のご意見を小社の宣伝物に掲載してもよろしいですか？
□ はい　□ 匿名ならよい　□ いいえ

2. 小社のホームページをご覧になったことはありますか？　□ はい　□ いい

※ご記入いただいた個人情報は，ご注文いただいた書籍の配送，お支払い確認等
連絡および当社の刊行物のご案内をお送りするために利用し，その目的以外で
利用はいたしません。

ふりがな
ご氏名　　年齢
ご職業　　（男・女

（〒　　）
ご住所
電　話

ご購入の書店名		ご購読の新聞・雑誌	新　聞（ 雑　誌（

本書ご購入の動機（番号を○で囲んでください。）
1. 新聞広告を見て（新聞名　　）
2. 雑誌広告を見て（雑誌名　　）　3. 書評を読んで
4. 人からすすめられて　5. 書店で内容を見て　6. 小社からの案内
7. その他（

ご協力ありがとうございました

郵便はがき

料金受取人払郵便

名古屋中局
承　認

1119

差出有効期間
平成32年4月
20日まで

460-8790

413

名古屋市中区
丸の内三丁目6番27号
(EBSビル8階)

黎明書房 行

||||||||||||||||||||||||||||||||||||||

購入申込書

●ご注文の書籍はお近くの書店よりお届けいたします。ご希望書店名をご記入の上ご投函ください。(直接小社へご注文の場合は代金引換にてお届けします。1500円未満のご注文の場合は送料530円，1500円以上2700円未満の場合は送料230円がかかります。〔税8%込〕)

(書名)	(定価) 円	(部数) 部
(書名)	(定価) 円	(部数) 部

ご氏名　　　　TEL.

ご住所 〒

ご指定書店名 (必ずご記入ください。)	取次・番線印	この欄は書店または小社で記入します。
書店住所		

12 子どもを我が子のごとく扱う

――「卒ヲ視ルコト嬰児ノ如シ」

将軍にとって兵士は赤ちゃんと同じようなものです。自分の赤ちゃんのように扱うことで、兵士は、深い谷底まで生死を共にするのだと『孫子』は述べています。さらに、兵士を厚遇するだけで思うように扱えず、愛しても命令ができない場合は、わがまま息子を増長させているようなもので、役に立たないとも述べています。

教師が我が子と同じようにクラスの子ども達を見ることは、できるのでしょうか。難しいことです。子どものことを思う心は保護者には到底およばないのですから。

僕は五年生の学級通信に

「僕は僕なりには子ども達を大切にしてきたつもりです。おうちの方々の子ども達への思いには到底かなわないですが……。」

ということを書いたことがあります。

その時、一人の子どもが
「先生はクラスのみんなを大切にしてきたんだからね。お父さんやお母さんは自分の子どもしか大切にできない。だから、先生の方が子どもを大切にしているんだよ。」

と書いてきてくれました。

クラスの担任としての愛し方は、親とは違う愛し方があります。それでも、「我が子のように愛する」のです。


子どもを大切にしようとすると、ついつい甘えさせてしまって、収拾のつかなくなる時があります。子どもを自由にのびのびと育てたいと思っていても、教師のコントロールのきかないような状態になったのでは、話になりません。

そのあたりの加減が分からないので、うまくいかないのです。

一学期の最初はまず、子どもを受け止めることが大切です。子ども達に大事にされているという実感を持ってもらうには、怒鳴ったり注意ばかりしたりしたのでは無理ですよ。元々、教師と子どもは他人関係なのですから、最初から懐にとびこめなくなるでしょう。

一学期は特に子どもと共に過ごす時間をたくさんとり、共に遊び、語り合い、共に笑うことをたくさん積み重ねていきます。

そうすることで子ども達との関係は深まります。

子どもを叱るときは必ずフォローを入れます。僕がよく言っていたのは

「あなたのお母さんは、あなたと友達が同じ悪いことをしていたら、どちらを強く叱りますか？」

「私の方だと思う。」

「そうだよね。それと同じで、先生もあなたを大事だと思うから、さっき厳しく叱ったんだよ。分かっているよね。」

と言うのです。

ただし、このような言葉も本音として子どものことを大切に思ってもいない教師が言っていたら、子ども達はそこを見抜いてきます。

また、子どもはある程度自由にのびのびとさせるべきです。だけど、子どもは調子に乗って枠を超えてしまうことがあるし、甘やかし過ぎると抑えが効かなくなります。

そうならないためには、ボーダー（境界線）をきっちりと示すことが必要です。

「ここまでは許すが、このボーダーを超えることは許さない。」という線を示して、それを固く守ることです。子ども達は先生のボーダーを考えながら行動しているようなところがあります。

「この先生はボーダーを越えても叱らない」となったら、際限なく崩していきかねません。ボーダーを示しましょう。

「卒ヲ視ルコト嬰児ノ如シ、故ニ之ト与ニ深溪ニ赴クベシ。卒ヲ視ルコト愛子ノ如シ、故ニ之ト倶ニ死スベシ。厚クスレドモ使ウ能ワズ、愛スレドモ令スル能ワズ、乱ルレドモ治ムル能ワザルハ、譬エバ驕子ノ如シ、用ウベカラズ。」

兵士を見るときは赤ちゃんと同じようにすれば、兵士は深い谷の底まで生死を共にする。兵士を手厚く扱うだけで命令もできず、軍律にも従わせられないならば、わがまま息子のようなもので、役には立たない。

13 愛情と規律の両輪で

――「卒（そつ）、イマダ親附（しんぷ）セズシテ、之（これ）ヲ罰スレバ、則（すなわ）チ服セズ」

兵士が十分に親附（親しみ、なつくこと）していないのに、罰則ばかり行えば、兵士たちは心服しないのだと、『孫子』は述べます。そして、心服しない者は使えないと言います。また、親附しても罰則を与えないのならば、これも使いこなせないと言うのです。つまり、愛情によって心服させ、規律によって統制するという二本立てが大切なのです。この言葉は多くの企業のリーダー（管理職）が活用して成果をあげているということを聞きます。教室でも同じではないでしょうか。

何度か繰り返し述べていますが、本書では「学級の子ども達を兵士のごとくコントロールしなさい」と言っているわけではありません。『孫子』から、今の学級や子ども達に活かせることを学ぼうということなのです。

愛情を感じられないのに罰ばかり与えられたら、子ども達はついてきません。古代中国のように将軍が兵士に対してかなり厳しくできた時代においてさえ、愛情を感じさせる方が先だと言っているのです。今のように甘くて体罰もできない時代と状況においては、なおさらのことだと言えるでしょう。

まずは子ども達に

「この先生は自分たちを大切に思ってくれている。」

「この先生と一緒にいるだけで安心できる。」

というような思いを持ってもらうことが必要です。

四月のスタートからがんがん子どもを怒って、子どもを厳しく統率しようとしている先生がいらっしゃいます。それでは学級のムードはスタートから最悪です。

学級のスタートから、まず子ども達と仲良くなること、子ども達に信頼してもらうことを考えるべきです。厳しさは後からでも良いのです。

では、子ども達と仲良くなるにはどうすれば良いのでしょうか？

・たくさんの時間を子ども達と共に過ごすことです。

・子どもをひきつける手立てを持つことです。

（例えば、絵本の読み聞かせやストーリー・テリングに楽しい授業ネタなど）
・子どもと対話することです。
（授業中のコミュニケーションを含めて）
・子どもと個々につながる手立てを持つことです。
（日記、振り返りジャーナル等）
こうした手立てを四月からたくさん使って、子ども達との関係を作っていくことが大切です。厳しくするのは、そのあとでも良いのです。まずは、子ども達との関係づくりです。

一方、関係だけできても、教師という仕事はやっていけません。なぜなら、子どもは未熟で、知らないことがたくさんあり、天使にも悪魔にもなり得る存在だからです。

ですから、子どもとの関係がいくらできたとしても、ルールに対する厳しさがなければ、子ども達はばらばらになったり、収拾のつかない集団になったりするのです。そうなれば、学習効果はあがらなくなります。そして、いじめやいじわるが横行することになるのです。

子どもは間違いを犯すものであり、それを正して考える機会を与えるのが教育であり、そのために必要なのが厳しさなのです。

たとえ厳しい言葉であっても、

「この先生が言うのなら、仕方ないな。」

とか、

「この先生になら、厳しくされてもついていける。」

という思いがあれば、子ども達は話をきちんと聞いて、その後の行動につなげていくものなのです。


「卒（そつ）イマダ親附（しんぷ）セズシテ、之（これ）ヲ罰スレバ、則（すなわ）チ服セズ、服セザレバ則チ用イ難（がた）キナリ。卒スデニ親附シテ、罰、行ナワザレバ、則チ用ウベカラザルナリ。」

兵士が将軍を慕ってもいないのに罰することばかりすれば、将軍に心から服従することはない。服従していない兵士は、使うことが難しい。兵士が将軍と仲が良いからといって罰することをしなければ、やはり兵士は使いにくいものになる。

14 予想し得ないところで勝負する

――「進メバ禦（ふせ）グベカラザルハ、ソノ虚（きょ）ヲ衝（つ）ケバナリ」

進撃する時に、敵の虚を衝けば相手は防ぎきれません。退却する時は、迅速に退けば敵は追いかけてこられません。

これはまさしく授業の極意の一つだと言っても良いでしょう。

授業でネタをしかける時、僕はよく子ども達の予想しないところで子どもの興味を引くものを持ち出します。

例えば、社会科でパワーポイントを使ってフラッシュカードのように人物の復習をしていくとします。

「鎌倉幕府・征夷大将軍・守護・地頭」

と見せて、子ども達に

「源頼朝！」

と言わせるパターンです。

子ども達は恐ろしく飽きやすい存在です。少し慣れてくると画像を見ないで答えようとします。それでは正確には定着しません。そこで、

「長篠の戦・安土城・楽市楽座」

と見せていき、子ども達が

「織田信長」

と言おうとした時に、フィギュア・スケートの織田信成さんの写真を、一瞬だけ見せます。どっと笑いが起きます。

こういうことを繰り返していると、

「先生は何か自分たちの予想もつかないものを、いつ出してくるか分からない。」

という気持ちになるようです。

四月の授業スタートの頃に、初めて出会う子どもたちに国語の授業をしていると、ひたすら何も考えずに板書を写している子ども達がたくさんいました。僕は考えずにノートをとるという活動は子どもを賢くはしないと思っています。

そこで、発問をした後、わざと子ども達に
「それから？　それから？」

と言って、どんどん発言させていき、それを次々と板書していきました。何も考えない子ども達は、どんどん発表していき、僕も全部並べて書いていきました。それを書き写している子ども達がたくさんいました。

しかし、さすがに、10個を超えて書き続けていると、子ども達が
「先生、それ、それ、どれが正しいの？」

と言います。

「知らないよ。」

と言うと、びっくりして、

「そんな無責任なことを……。」

と言いました。

「それなら、これが正しい。」

と言って、どう考えても一番正解から遠いものに二重丸をつけました。すると、子ども達は
「もういいよ、先生。僕らで考えるから。」

と言って考え始めました。

このように、子ども達の予想もしないところをついていくのが、楽しい授業、考えさせる授業の基本なのです。当たり前のことを当たり前に聴いているだけの授業は楽しくありません。子ども達は途中で退屈してついてこなくなります。

また、授業中にどうも子ども達の反応が良くなかったら、即座に切り上げてしまうことを考えることが大切です。子どもの乗りが悪いのには何か理由があるのです。切り替えも授業の極意の一つです。

それを無理やり続けていく教師に限って、うまくいかないことを子どものせいにします。

「進メバ禦(ふせ)グベカラザルハ、ソノ虚(きょ)ヲ衝(つ)ケバナリ。退ケバ追ウベカラザルハ、速(すみや)カニシテ及ブベカラザレバナリ。」

進攻して防ぎきれなくするには、敵の思いもよらないところを攻めるべきだ。また、退却する時に敵に追いつかれないためには、早いスピードで追いつかせないようにすることだ。

15 子どもの常識の裏をかく
――「迂ヲ以テ直トナシ、患ヲ以テ利トナス」

いわゆる「迂直の計」の話です。

「迂」とは、回り道のことで、曲線を指します。「直」はもちろん直線のことです。直線コースを取る方が時間もかからず良いというのが常識である時に、直線コースではなくて曲線コースを選択することによって、相手の意表をつくことができるということです。

教育の常識の裏をかくことも必要です。教育でも、回り道が必要です。

学級開きということが盛んに言われています。今や、初日から学級づくりがスタートするというのは、常識のようなものです。最初の一週間でほぼ一年が決まるとまで言われています。

確かに、初日から教師のペースで進めないと、ルールも浸透させられないし、学級はスタートからつまずいてしまう可能性があります。新卒や若い先生方はこの四月のスタートの出遅れを挽回することは、まずできないでしょう。スタートはやはり大事なのです。

ところが、ベテランの学級づくりを見ていると、最初の三日間は確かに子ども達をつかむための手立てを打っています。（若手ほどいろいろと準備しなくても、子どもに通じると分かっているものをいくつか持っているので、どこかゆとりはありますが……。）

しかし、そのまま一カ月間リーダーシップを発揮して学級づくりを進めていくかというと、そうでもありません。

学級のルールなどであんまり子ども達をおさえずに、いじめやけがに関するような案件は別にして、ある程度自由にさせているのです。すると、子ども達は良い面だけでなく悪い面も表に出すようになっていきます。

僕が新しい学年を担任すると、だいたい「良い子たち」だと言われていた子ども達が、悪いこと（いたずらなど）をするようになっていきます。

「多賀先生はわざとそうしているんでしょ。」

と、若手から言われたこともあります。別にわざとそうさせているわけではありませんが、自然と子ども達はやんちゃになっていくのです。

それは、僕が（言い方は適切ではないかも知れませんが）子ども達を自由に泳がせていたからです。

悪いことをしたら一つひとつを細かくチェックしていく先生のクラスでは、いわゆる「良い子」たちは自分たちの本音は出さずに、見せかけの体裁の良いことだけをするようになります。そうすれば先生が喜ぶことを知っているからです。

それは一見、うまくいっているように見えますが、子ども達の本音やストレスは表に出てきません。見ても分からないところに隠されていきます。きれいごとや表面的なことばかりが幅を利かせているクラスは、いつか何かをきっかけにして崩れてしまう可能性があります。

そのまま一年間を乗り切ってしまえるほど、現場は甘くはありません。

いろいろな問題が潜行して、教師の見えないところで大きくなっていくのです。そしていつか大きな問題として現れた時には、教師が手を出せないものになっているということはよくあることです。

最初から子ども達への注意を抑制して子どもの自由度を高くしていくことで、子どもの本音や本来の関係性のようなものが見えてくるのです。

「いろいろな面を出しても大丈夫だ。」

と安心して、いわゆる悪さ（やんちゃ）をするようになっていきます。

そうした子どもの本音や本来の姿を出し切った上での学級づくりというのが、僕の基本でありました。

最初から直線的にしっかりとした学級を作るのではなくて、遠回りになっても良いから、子どもの本当の姿を基にした学級づくりを考えるということになるのです。

学習においても、「迂直の計」という考え方が活用できます。

「言葉の学習に王道なし」（There is no royal road to learning language.）という言葉があります。これはまさしく「迂直の計」だと言えるでしょう。

けれども、これを「漢字の勉強は百字帳を使って毎日こつこつとしなければならない」などという非科学的な従来型の考えととらえてはいけません。

光村図書の二年生に『たんぽぽのちえ』という説明文があります。

「『ちえ』とは、どういう意味ですか？」

とたずねると、「賢いこと」だとか「能力があること」というふうに答えます。ここで、辞書的に後者だと説明して終わったのでは、子ども達は何も考えてはいません。

授業では「考え合い」を生むべきなのです。考え合いというのは、授業の途中で子ども達が自分たちで考え、話し合っていくことです。

考え合いを生むには、どうすれば良いのでしょうか。

子ども達は、どこか教師の答えを探しているようなところがあります。教師が子どもの答えにどんな反応をするか、じいっと見ていて、それで答えを決めるようなところがあるのです。つまり、正しいかどうかをとことん自分で考えないで、教師の言葉や反応を待っているだけなのです。

「先生、その答え、合ってるの？」

と、子ども達に言われたことはありませんか。すぐ言いますよね、子ども達って。

これでは、巣の中で口を開けて、母親鳥に餌を口に入れてもらうのを待つ雛鳥と、なんら変わりはありません。

授業中にたずねたことについて、正しい答えが出てきたら、「待ってました」とばかりに飛びついてしまう教師もいます。そういう教師は、なぜその答えが正しいのかを子ども達に理解させることをしません。子ども達は、黙って正しいのだと言われた答えをノートに書き写します。

こんな授業では、考える力も学ぶ姿勢も身に着きませんよね。

子ども達を考えざるを得ないところに追い込むべきです。子どもを追い込まない教師が多すぎます。人が賢くなるためには、平坦な道をだらだらと歩いていてはだめなのです。追い込まれて考える場面が、必要なのです。

「たんぽぽのちえ」の題名読みで、「ちえ」って何かをたずねたら、「かしこい」と「ひみつ」と「能力」という言葉が出てきました。どれが正しいと思うか、手を挙げさせてみると、「かしこい」が0人。「ひみつ」が11人。「能力」が17人でした。

そこで、こうたずねました。

「多数決で、能力にしていいですか？」

子ども達は、

「いいよー。」

「だめー。」

「なんでや。多いほうが勝ちやぞ。」

「勝ち負けとちがうよ。」

「だって、本当はだれが正しいかわからないもん。」

「ボクが『能力』って言ったけど、思いつきで言っただけだから、正しいかどうかは、わからないよ。ぼくはてきとうに言っただけだもん。」

「先生が知っているから、たしかめたほうがいいんちゃう？。」

などと、活発に考え始めました。

でも、育っていない子ども達なら、きっと、

「先生、本当はどれが正しいのですか？」

なんて聞いてきます。

そんなときは、はっきりと違っていると分かるものを「これが正しい」と言うことにしています。子ども達が
「本当にそれが正しいの？」

とたずねるので、

「さあ。知らないよ。」

と、わざと言うのです。すると、子ども達は、

「もういいわ、先生には聞かない。」

などと言って。自分たちで答えを探そうとし始めます。

最後は、「ちえ」の意味は「かしこい」が正しいが、ここでは「能力」もまちがいではないと、教えます。

さっと答えを示したら、それで終わりです。しかし、このように遠回りすることで、子ども達の思考は深まるのです。

「軍争ノ難キハ、迂ヲ以テ直トナシ、患ヲ以テ利トナスナリ。故ニソノ途ヲ迂ニシテ、之ヲ誘ウニ利ヲ以テシ、人ニ後レテ発シ、人ニ先ダチテ至ルは、コレ迂直ノ計ヲ知ル者ナリ。」

戦争の難しいのは、回り道で油断させることで、結果的にそれを近道に変えてしまったり、欠点を長所に変えたりすることにある。わざと遠回りして利益で敵をそこに誘うと、相手よりも後で動き出しても先に目的地に到着できるのが、「迂直の計」を知っている人である。

16 臨機応変を核とする
——「風林火山」

武田信玄の軍旗であまりにも有名な「風林火山」。ありとあらゆるところで、目にしたことがあるのではないでしょうか。これも、『孫子』からの言葉であります。

これは「兵は詐を以て立つ」ということから、述べられています。

「諸侯の謀を知らざる者は、予め交わる能わず。山林・険阻・沮沢の形を知らざる者は、軍を行る能わず。」（諸国の動静を知らなければ、外交はうまくいかない。山林の位置、難所の有無、湖沼の存在などを知らなければ、軍を動かすことはできない。）

『孫子』は考えてみればごく当たり前のことばかりを述べています。これなどはその代表のような言葉です。前書きにも書いた「彼ヲ知リ己ヲ知レバ、百戦シテ殆ウカラズ」という考え方は『孫子』の基本概念ともいえるもので、

「ともかくよく知ろう。知らなければ勝てない。」

ということだと思います。

この「諸侯の……」に続いて、武田軍旗の「風林火山」の話へとつながっていきます。

①「疾(と)きこと風の如く」

「ここが攻め時と思ったら、疾風のように素早く行動しなければならない。」

様々なことを調べて知った上で、動くときは迅速であることが大切です。


子どものいじめについては、実態をよく見極めて、本当に何が行われているのかを正確に知る必要があります。そして、

「これは完全ないじめ案件だ。」

と判断したら、即、行動です。いじめは被害者の人権を脅かし、命や人生にも影響を与えかねない重要案件なのですから。

管理職や学年の先生たちとも相談して、被害者のケアをしつつも、加害者に対する指導を行い、その内容を両方の保護者に伝えるのです。動き始めたら、一気に動いてしまいます。実態を把握してからの躊躇は、手遅れを招きかねません。

動き出したら、一気に果敢に行動することです。

②　徐なること林の如く

「徐」は「おもむろ」とも読み、「のんびりと静かでゆったりしているさま」のことです。「落ち着いてゆっくりと行動するさま」とも、辞書にはあります。

ですから、鳴りを潜めて黙って大人しくしている状態のことではありません。自ら落ち着かせてじっくりと行動しようとしている時なのです。

これは、教育には絶対的に必要な時間です。

だいたい、学級でものごとがうまくいかない時は、教師の拙速な行動によることが多いものです。何の見極めもせずに、いきなり手を出して失敗してしまうことをよく見かけます。

徐なる時とは、ただ黙っているのでもなく、子ども達をじっくりと観察してゆったりとかまえているという時間なのです。

③ 侵掠（しんりゃく）すること火の如く

攻撃するときは、激しくせよと言うことです。

いじめの問題に対応する時など、子どもに強く当たらなければならない時があります。いつも落ち着いてゆっくりと語れば、どんな子ども達も分かってくれるなどということを主張される方もいらっしゃいます。

しかし、それは現実にはあり得ません。

厳しく叱らなければならないことは、あるのです。（体罰をしろとか、怒鳴りつけろと言っているのではありません。暴力とは別です。）

「こういうことをしたら、大人も本気で怒るぞ。」

ということを、示さなければならないことがあるということです。

教師は子どもを侵掠することはありませんが、子ども達に

「許さないぞ。」

という怒りを伝えることはあって良いのです。

勢いがなければ伝わらないものです。

④　動かざること山の如し

ここぞという時に微動だにしない教師。つまり、ぶれない教師は子ども達に安心感を与えます。「山のように動かない」というのは、行動しないことではなくて、ぶれないということなのです。

教師はぶれてはいけません。ぶれられたら、子ども達はどうしたら良いのか分からなくなります。そして、教師を信用しなくなります。

「先生は、この三つのことしか叱りません。」

と言ったら、それ以外のことは叱ってはいけないのですが、なかなか自分の言った通りにしない先生がいます。宣言したこと以外にもいくつも叱るのです。そんなぶれぶれの教師に子ども達がついていくはずがありません。

できないことは、初めから言わないことです。

そして、言ったが最後、ぶれずに貫かなければなりません。

「遅刻をしたら許さない。」

と言ったら、たとえ日ごろは決して遅刻しないようなまじめな子どもが遅れてきても、厳しく注意しなければなりません。その子には優しくして、いつも遅れてくる子どもには厳しくするというようなぶれたことをすると、信用されなくなるのです。

⑤ 知り難き（がた）こと陰（いん）の如く、動くこと雷震（らいしん）の如し

武田信玄の軍旗の「風林火山」には四つの内容しか書いていませんが、それに続いて右のように「影のように実体が分からず、大きな雷のように激しく動く」という言葉があります。

これを教師の声の使い方に当てはめて考えてみましょう。

若い先生方を見ていると、声の大小強弱の使い分けのできない方が目につきます。ずうっと大声を出していたり（それでのどをつぶしてしまうのですが……）、いつも声が小さくて子ども達が聞き取りにくかったりするのです。

教師が大声を出すことを全否定される方がいらっしゃいますが、子ども達の安全も守らなければならない立場なのですから、時には大きな声を出さねばならない時があると、僕は思っています。

遠足で登った山から石を投げようとしている子どもに、穏やかな声で

「おい、君。ダメだよ。そんなことしちゃあ。」

などと言うのでしょうか。

「こら！　やめろ！」と大声を上げる必要があるでしょう。

また、子ども達が緊急避難をしなければならないときにパニックに陥っていたら、小さな声でぼそぼそ言っても通りません。大声を出さねばならない時はあるのです。

これも臨機応変なのです。

『孫子』は、この「風林火山」の最後に
「先ず迂直の計を知る者は勝つ。」

とまとめています。

臨機応変に戦うことと、常識の裏をかくことは、一体となって機能するものなのです。

教育的な観点からまとめて言うと、

「子どもとその周りを取り囲む状況をよく把握して、ケース・バイ・ケースで臨機応変に対応し、相手に先んじて裏をかくことが効果的だ。」

ということになるでしょう。

まさしく教育の極意そのものです。

17 大勢が行動する時には

――「衆（しゅう）ヲ用ウルノ法」

教師には、大勢の子ども達を一つにして行動させる場面があります。運動会で心を一つにして対抗戦に臨んだり、合同で演技をしたり、音楽コンクールで声をそろえて歌わせる場面などがそうです。

そういうまとまりになることの苦手な子どももいます。個人を重んじる教師は、「まとまる」「一つになる」ということそのものを危ぶみます。大勢の論理、同調圧力によって、多くの子ども達が苦しめられてきました。それは理解できます。

しかし、様々な社会や職場に出ていった時に、必ず心を一つにして取り組まねばならないことがあるのも事実です。

ストレスのかかりすぎる子どもへの配慮をしつつも、やはり、一つにまとまろうとすることの大切さも教えるべきだと思います。

そして、学校という所は、子ども達の安全を守る所でもあります。火災が起きたり、津波が起こったりした時には、ばらばらな行動をとらずに皆が心を一つにして逃げなければならないのです。

　僕の前任校では、昭和の大水害のときに、学校に山津波が押し寄せて校舎を埋め尽くし、八名の尊い命が先生の目の前で流されました。阪神大震災も経験した僕には、災害時には一つになって行動しなければ危険だという意識が張り付いています。

　大勢が動くためにはどうしたら良いのか？『孫子』では銅鑼や旗を使って耳目を統一することだと述べています。笛はそういうときのアイテムとして、有効になるでしょう。


「人スデニ専一（せんいつ）ナレバ、則（すなわ）チ勇者モ独リ進ムヲ得ズ、怯者（きょうしゃ）モ独リ退（しりぞ）クヲ得ズ。コレ衆ヲ用ウルノ法ナリ。」

　人がすでに一つになったならば、物おじしない勇者であっても、単独で進むことはできず、度胸のない臆病ものでも、単独で退くことはできない。これが多くの人々を用いるための方法である。

18 勝つタイミングを図る

――「ソノ鋭気ヲ避ケ、ソノ惰帰(だき)ヲ撃ツ」

臨機応変が『孫子』の真骨頂だと言えますが、さらに「勝ち易(やす)きに勝つ」、つまり勝ち易い時を見極めたら勝てるということです。そのための四つの士気の掌握について述べています。

教師にもタイミングの悪い方がいて、

「そこで叱ったら、効果ないぞ。」

というところで急に怒りだしたり
「ここは緩めない方がいいのに。」

と思うところでふざけたりと、子どもへの指導がちぐはぐになるのです。

タイミングを図って、ここだというときに指導をすると、驚くほど効果的です。それには、この四つの士気の把握がポイントになります。

①　その鋭気を避け、その惰帰(だき)を撃つ

戦いにおいては、鋭気の盛んな時を避けて、惰帰（だらけて怠け気分）の時に攻撃すると勝運に乗れるでしょう。

しかし、教育においては、これを逆に考えるのです。鋭気を活かして、惰帰は逃げるのです。子ども達がやる気に満ちている時が勝負どきで、そのときにしっかりと学ばせるのです。また、気が乗らないときにいくら頑張っても学習の効果は上がりません。そんなときは別のことを考えるのです。

『孫子』では、この「鋭気を避け、その惰帰を撃つ」という言葉の前に「朝の気は鋭く、昼の気は惰(おこた)り、暮の気は帰(かえ)る。」と述べています。「朝は気持ちが充実していてやる気があり、昼が過ぎるとだれてきて、夕方には休みたくなる」ということです。

経験上、これはそのまま子ども達の気力の流れとつながります。ただし、朝一（一時間目）はまだ、起き出してから間もないためにあまり頭の回転はよくありません。二時間目から四時間目の前半（後半はお腹がすいて、集中力がなくなります）までが学習の勝負時だと考えられます。昼からは、内容にもよりますが、集中力は極端に落ちてきます。そんな時に話を聞かそうとしても無駄ですから、グループで調べものをしたり、個人でタブレットを使った学習をし

たりと、活動を重視して学習を仕組むべきなのです。子どもの気力を考えて学習の在り方を変えていくということが、「気を治める」ということなのです。

② 治を以て乱を待ち、静を以て譁を待つ

味方の体勢を整えて敵の乱れを待ち、じっと鳴りを潜めて敵の仕掛けを待つことが「心を掌握すること」だと述べています。

戦う時はこういう待ち方が必要です。

教師としては、「味方の体勢」を「自分の準備」と、「敵の仕掛け」を「子どもの動き出す時」と置き換えて考えると良いでしょう。

その時はまず、四月のスタートです。じっくりと準備を整えて、子ども達を待ちます。準備の足りない先生はどこか不安です。いくら準備をしてもしつくすことはできないのですが、それでも、準備を怠らずに精一杯整えて新年度を迎えると、全く心の持ち方が変わってきます。

そのうえで、新しく出会う子ども達の様子をじっくりと見て、子どもが動くのを待ちます。学級開きや授業開きは、しっかりと準備して臨めば、ある程度はうまく流れます。しかし、子ども達はどういう問題を起こしてくるかは分かりません。そればかりはいくら準備していよう

とも、分からないものなのです。

ですから、鳴りを潜めるようにじいっと待つのです、子ども達の本当の姿を表に現わさせるためです。

③　近を以て遠を待ち、佚を以て労を待ち、飽を以て飢を待つ

「有利な場所に布陣して遠来の敵を待ち、休養をとって敵の疲れを待ち、お腹いっぱいにして敵の飢えを待つ」という極意は、教師のみならず、全ての人の生きていく時の戦略に当てはまることです。

これらは全て準備を十分にして待ちなさいと言っているのです。

大リーグのイチロー選手は、こう言います。

「ぼくは絶えず体と心の準備はしています。」

「準備と言うのは、言い訳の材料となり得るものを排除していく、そのために考え得る全てのことをこなしていく、ということですね。」

準備が十分であれば、自ずから結果は良くなるということです。

また、休養と食を満たすことを教師はおろそかにしがちです。僕は若手が疲弊してきたら、

美味しいものを食べに連れていきます。楽しい話をして笑い、美味しいものを口にすると、心は少し楽になります。

それが明日の力になるのです。食べ物の力も馬鹿にはできません。

④ 正正の旗を邀うるなかれ、堂堂の陣を撃つなかれ

「まともに隊列を組んで向かってくる敵、堂々とした陣形をはっている敵とは正面きって戦わない。」

というのは、どんな相手とも戦えるということはないのだということです。

ここでは、相手をよく見ることが大切だと述べています。

教師は勝負しなければならない時が、何度かあります。

いじめ案件が起きて手を出さねばならない時。子ども達がもめて解決の道筋が見つけだせない時。子どもが落ち込んで危険信号が出ている時。……。そういう時には、まともに手を出してはいけません。拙速は悪い結果を生むと以前に書きましたが、子ども達がまともにぶつかってきた時には、軽く受け流すわけにはいきません。そんなことをしたら、信用を失います。かといって、いきり立っていたり、理論武装して立ち向かってくる子ども達を怒鳴りつけて教師

の思い通りにするなどということは、今どき通用しないことです。

子ども達もバカではありません。高学年になってくると、自分たちが悪いと分かっていても、先生と戦おうとしてきます。教師は今の時代、体罰もできないということも、知っています。

「いじめていただろ？」

などとストレートに聞いても、仲間内で口裏合わせをしたりして誤魔化そうとしてきます。

「先生、遊んでいるだけだよ。」

と笑顔で言っておいて、後で被害者の子どもに口止めするなどということも、平気でやってきます。

また、意地を張っている子どもに真っ直ぐ正論をぶつけても、ほとんど聞いてもらえません。言い返してやろうと構えている子どもには、別のアプローチが必要なのです。

待ちかまえている子ども達に真っ直ぐ戦いを挑むのは、あまり賢いやり方ではないと思っています。

「善ク兵ヲ用ウル者ハ、ソノ鋭気ヲ避ケ、ソノ惰帰ヲ撃ツ。コレ気ヲ治ムルモノナリ。治ヲ以テ乱ヲ待チ、静ヲ以テ譁ヲ待ツ。コレ心ヲ治ムルモノナリ。近ヲ以テ遠ヲ待チ、佚ヲ以テ労ヲ待チ、飽ヲ以テ飢ヲ待ツ。コレ力ヲ治ムルモノナリ。正正ノ旗ヲ邀ウルナカレ、堂堂ノ陣ヲ撃ツナカレ。コレ変ヲ治ムルモノナリ。」

用兵の巧みな者は、敵の戦意の高いうちは戦いを挑まず、士気が萎えてきたところを狙う。戦意をつかむということである。味方の守りを固めて敵が乱れるのを待ち、じっと相手が仕掛けてくる時を待つのである。戦場の近くにいて遠くからの敵を待ち、体を休めて敵の疲労を待ち、自軍は食事をしっかりとって敵の兵糧が尽きるのを待つ。これこそ、敵の戦意を支配するということである。十分に体勢を整えて向かってくる敵を正面から受けて立ってはいけない。状況の変化に対応して戦うのである。

19 追い詰めてはいけない

――「囲ム師ハ必ズ闕ク。窮寇ニハ迫ルナカレ」

『孫子』は戦いにおいてしてはならないことを八つの項目に分けて述べています。その七と八の項目が「囲む師は必ず闕く。窮寇には迫るなかれ。」ということです。

意味は「敵を取り囲んでも、必ずどこか逃げられる箇所を開けておくこと。追い詰めた敵に強引に攻撃を仕掛けないこと」ということです。逃げ道を開けておきなさいということです。

「窮鼠猫をかむ」ということわざがあります。「追い詰められたら、ネズミでもネコに襲い掛かる」のです。逃げ道をなくしてしまったら、敵は死に物狂いになり、たとえ勝ったとしても、甚大な被害を蒙る可能性があるのです。

若い教師は、よくこの手の失敗をします。つまり、子ども達を追い込み過ぎて失敗してしまうのです。

先生に指導を受けた後で子どもが自殺した話などを聞くと、

「追い詰め過ぎたのではないかなあ。」

と、思ってしまいます。

先生だけではなく、保護者も含めた大人たちは、あまりにも子どもを追い詰めると、弱者である子ども達は死を選んでしまうことがあることを心しておかねばなりません。

そこまで深刻なことではなくても、子どもを追い詰め過ぎることは気を付けないといけないことです。

教師はすぐに警察官や検察官になりたがります。事実は何かを調べて、

「お前に責任があることだ。」

と判決を言い渡したり、物かくしの犯人を捜し回って
「あなたがやったんじゃないの！」

と突き付けたりします。

ある程度までは必要なことですが、そんなにはっきりとさせなくても
「なんだかやばそうだから、これ以上はやめとこう。」

と自主的にストップがかかれば、それはそれで良いのではありませんか。

子どもは追い詰められると嘘をつきます。子どもだけではありません。大人だって、追い詰められて嘘をつくことがあります。

宿題を忘れた子どもに

「なんで宿題を忘れてきたんだ?」

と、理由をたずねます。そんなの、さぼったからに決まってるじゃないですか。本当に家で大事があってできなかった子どもなら、初めからそう言ってきます。さぼったか、忘れていたかのどちらかです。

ところが、子どもは教師にそう問い詰められると、咄嗟に

「やったけど、忘れてきた。」

などという見え透いた嘘をつきます。

「じゃあ、家に電話して持ってきてもらおうか。」

とまで言って初めて

「嘘です。やっていません。」

と言います。それを聞いた教師は、

「嘘をつくな！　宿題を忘れた事よりも、嘘をついたことがけしからん。」

などとさらに叱責するのです。初めから忘れてきたことだけをぴしっと叱責しておけばすむ話

です。それを変に忘れてきた理由をたずねたりするから、つかなくてもよい嘘をつかせてしまっているのです。

嘘をつかせたのは教師自身なのです。

教師が問い詰めて嘘をつかせることがあるのだと知っておきましょう。これも教師の追い詰め方の典型です。

また、物かくしをしていた子どもが分かったとします。その子にクラスのみんなの前で
「私がやりました。ごめんなさい。」
と言わせたら、クラスのみんなが
「いいよー。」
と言ってすっきり収まるでしょうか。そんなことは絶対にありません。大勢の前で罪を告白させることで、何か良いことがあるのでしょうか。クラスの子ども達は家に帰って
「物かくししていたのは、Aちゃんだったんだって。」
と、保護者に言わないでしょうか。その子の良くないことが全ての保護者の間に広まってしまうのですよ。
みんなには言わないで自分で止めさせることができたら、その子どもには逃げ道ができます。

追い詰められなくてすむのです。そういう時、僕は個人的に話をして
「あなたのお母さん（保護者ならだれでも良い）はあなたのことを一番大切に思っている人なんだから、辛いけれども先生から言うよりも、あなたが言ったほうがいいよ。」
と諭します。自ら出頭させると情状酌量が生まれるからです。
　曖昧な決着というものも、教育にはあって良いのではないでしょうか。

「囲ム師ハ必ズ闕（か）ク。窮寇（きゅうこう）ニハ迫ルナカレ。コレ兵ヲ用ウルノ法ナリ。」

　敵を取り囲んでも、必ずどこか逃げられる箇所を開けておくこと。追い詰めた敵に強引に攻撃を仕掛けないこと。これは用兵で最も気を付けることである。

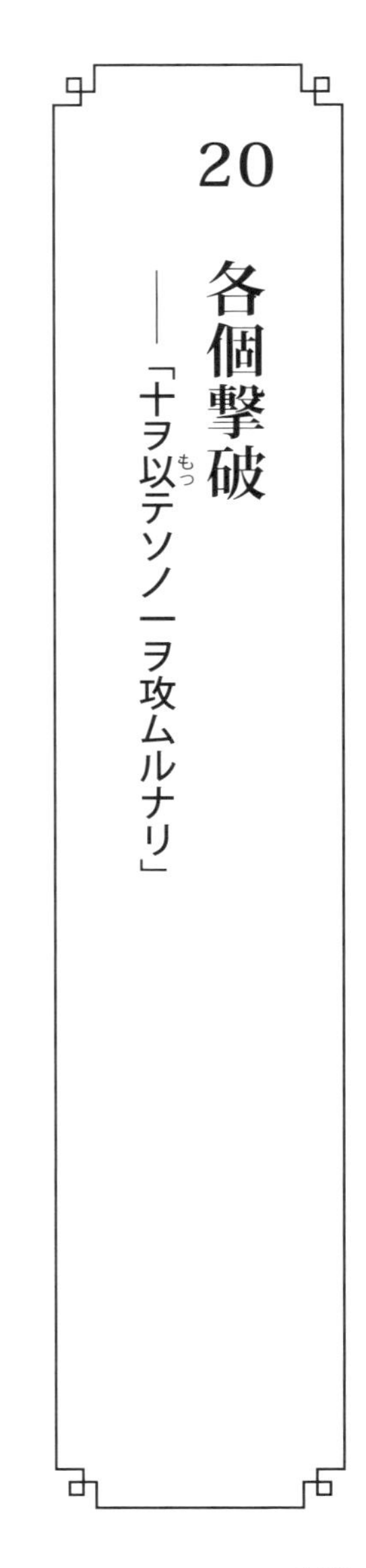

20 各個撃破
——「十ヲ以テソノ一ヲ攻ムルナリ」

相手を分散させて攻めるとこちらの力を一つに集中できるので、勝利を収めることができるということです。

いじめ案件では、子ども達からの正しい情報は得にくいものです。低学年までですね、割と簡単に把握できるのは。

よく、いじめが原因と疑われる自死のときに、記者発表の席で

「どうして分からなかったんですか?」

と、記者団から校長が突っ込まれるのを見たことがあるでしょう。

分からないですよね、実際にはなかなか。加害者側の子ども達にとっては、いじめが発覚することは死活問題です。卑劣な行為だということが分かっているのに、いじめをしています。

ですから、隠そうとして必死になります。発覚などしたら、大変な目にあうことも分かっているのですから。

加害者だと思われる子ども達を一緒に集めて話を聞けば、顔色を見合いながら口裏合わせをしてきます。また、順番に呼び出して話を聞くと、内容を聞き合って合わせてくることもします。

各個撃破です。

グループとしてまとまられると、なかなか手ごわい子ども達でも、個別に対応すると、脆い所が出てきます。

ばらばらにして、同時に別の部屋で先生たちが手分けして話を聞いてすり合わせれば矛盾が生じ、そこをついていけます。警察の取り調べみたいになってしまいますが、いじめ案件ではそれでも良いと思っています。いじめは自死につながったり、被害者に一生立ち直れないほどの傷を負わせる犯罪に近いものだと考えているからです。各個撃破で解明するのは当然です。

ただし、ものごとを解決した後は、加害者の子ども達へのフォローもしなくてはなりません。教育なのですから。

「我ハ専ラ一ニシテ一トナリ、敵ハ分カレテ十トナル、コレ十ヲ以テソノ一ヲ攻ムルナリ。」

こちらが一つに集中し、敵が十に分散したら、十の力で一を攻めることができる。

第三章 管理職の心得

管理職と職員が一つになれば，学校は強い。
王道は，管理職（校長）道でもあると言える。

21 仕える条件がある

――「之(これ)ニ留(とど)マラン。……之ヲ去ラン」

　ここでは、主に学校において管理職の考えるべきことについて述べていきたいと思います。『孫子』は、戦いに勝つための兵法書です。ここでリーダーとして中心になるのは、戦いそのものを指揮する将軍です。

　その将軍の仕えるのが君主（王）だ、という位置づけにおいて構成されています。

　『孫子』十三編を著したのは、春秋時代の兵法家である孫武だと言われています。孫武は、「臥薪嘗胆(がしんしょうたん)」で有名な呉王夫差の父闔閭(こうりょ)に仕えたと言われています。孫武が闔閭に求めた条件というのが

　「自分のはかりごとを用いるなら、ここに留まるが、用いないなら、留まるつもりはない」ということです。実は、この後、有名な女性部隊を指揮して闔閭に認めさせるという話が『史記』の「孫子・呉起列伝」に載っています。

学校に転じて考えると、優れた先生の企画を用いないならば、留まらない（転出させてくれ）となり、有効に使おうとしてくれるなら、ここでその力を発揮しましょう、ということです。

これも当たり前のことではありますが、自分のつまらないプライドや嫉妬心で、有能な教師の企画をつぶしてしまう管理職には、しっかりと頭に入れてほしいことだと思います。

「モシ吾ガ計ヲ聴カバ、之(これ)ヲ用イテ必ズ勝ツ。之(これ)ニ留マラン。モシ吾ガ計ヲ聴カザレバ、之ヲ用ウルモ、必ズ敗ル。之ヲ去ラン。」

もし私の考えを聞いてくだされば、それを使って必ず勝つことができるでしょう。それならば私はここに留まります。もし私の考えを聞かなければ、たとえ将軍に任命されても、きっと戦いに負けるでしょう。そうであれば、私はここから去ります。

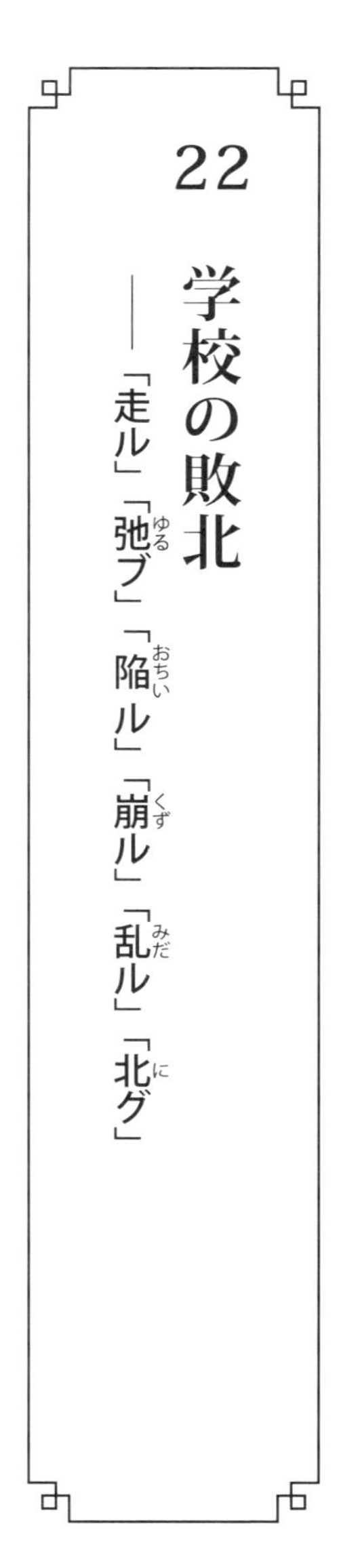

22 学校の敗北

――「走ル」「弛（ゆる）ブ」「陥（おちい）ル」「崩（くず）ル」「乱（みだ）ル」「北（に）グ」

『孫子』では、敗北を招く六つの過失について述べていますが、それらは、統率を欠いたときに生じることだと言うのです。

これは、トップリーダー（管理職）として、心に置いていただきたいことであります。

走ル……一の力で十の敵と戦うことになった時

学校というチームがばらばらで、個々の先生がそれぞれで様々な問題に対応しようとしている状態です。こうなってしまうと、個人の力量だけが頼りになるので、学校全体のステップアップは望めません。

チームという発想でみんなが動くことが、これからの時代では求められています。

弛ブ……兵は強いが、リーダーが弱い時

学校で言うと、校長が頼りなくて職員の力の方が強い時です。校長が頼りない時、組合が異常に強い時、有能な職員が何人かいて、校長の存在感が弱い時などです。

校長が頼りない時は、職員は確かに自分たちでやっていくようにはなりますが、ばらばらになりがちです。最後に頼れないので安心して仕事ができません。校長の決断もなかなかできないので、進む方向が定まりません。悪くすると、学校は漂流船になってしまいます。

組合が強すぎる時は、管理職と組合がいつも対立して、物事が前向きになりません。組合は大切な権利を守ってくれる重要な存在ですが、何ごとも過ぎたるは及ばざるがごとしで、管理職を早く帰らせないために組合で結託して遅くまで誰かが輪番で残るなんてことをしているようでは、教育はまともに行われません。

校長の存在感が弱い時には、地域や保護者に対して抑えが効かなくなります。ただし、存在感はないけれども人柄は良いという時には、なんとなく職員室が穏やかな空気になることがあって、職員はのびのびと仕事ができることもあります。

職員の中に優秀な人たちが何人もそろっているので、その人たちが若手を引っ張っていくようになると、学校は良くなります。ですから、必ずしも校長が弱いことはマイナスだとは言え

ません。

陥ル……リーダーが強くて、兵が弱い時

校長が優秀だと、間違いなく学校は良くなります。僕は毎年二十校以上の公立小学校へ指導に入りますが、優れた校長がたくさんいらっしゃって、校長しだいで学校は大きく変わるんだなと思っています。

この「優秀」というのは、押しの強いことでも、態度のでかいことでもありません。人を活かせる力のことです。

昔、暴君のような校長がいらっしゃいました。自分の気分を押し付けてくる方でした。職員室はいつも緊張していて、ぴりぴりとしたムードが充満していました。担任は、放課後になると教室にこもり、職員室へは戻ってきませんでした。職員会議では校長が一人で話していて、職員はほとんど発言をせず、校長の話を聞いてもいませんでした。

尊敬はされない校長でしたが、それに逆らうほどの強い方も職員にはいらっしゃいませんでした。

何よりも、職員が生き生きしていなかったのです。まともな意見が職員から出てくることもなければ、有意義な話し合いも存在しませんでした。

これでは、学校は良くなりません。

崩ル……トップリーダーと将軍の仲が悪い時

学校で、校長と教頭の仲が良くないと、職員は右往左往します。それには、いろいろなパターンがあります。

◎張り切り過ぎの校長の後始末に教頭が振り回される場合。
【この場合、教頭が裏方に徹して校長を支えれば、とりあえず学校は落ち着きます。しかし、反発すると、学校は大乱になるでしょう。】

◎校長よりも有能な教頭が、職員を牛耳っている場合。
【この場合、心ある職員が気を使ってストレスが溜まるし、秩序が崩れるのですから、組織としても崩壊しやすくなります。】

◎校長と教頭が常にいがみ合っている場合。
【職員室の雰囲気は最悪です。派閥に分かれて反発し合うようになれば、学校はまとまらずに停滞します。】

教頭と校長は同じ管理職です。僕の知っている学校でうまくいっていると感じるところでは、間違いなく校長と教頭の関係がうまくいっています。もちろん、お互いが相手をリスペクトして譲る部分を持っていないと、そのような関係はできません。

また、管理職と職員との仲が悪い時は、管理職は職員に対して管理的で強圧的な姿勢をとるようになります。

二十年前なら、それでもやっていけたかも知れませんが、今の時代、みんなが助け合って学校を動かしていかなければ、とてもとてもやっていけません。

職員が管理職に反発して勝手な行動をとるようになります。管理職は有能な職員に対しても「自分の意のままにならない」ために認めなくなります。人は認めてもらえれば、その人のために努力しようとするものです。逆に認めてもらえないのなら、管理職に逆らう言動をするようになりかねません。

保護者に信頼される先生が管理職の悪口を言うようになると、管理職の信用は地に落ちます。

これでは教育は成り立ちません。

乱ル……リーダーが意気地なく、気力に欠けるときに起こる。緊張感がなく、指示も通らずまとまりのない状態

これは教室で言うと、まさしく学級崩壊の状態です。職員室崩壊と言ってもよいでしょう。管理職が弱すぎて気力にかけているため崩壊状態の学校というものは存在します。やる気のない校長で、責任を取ることばかりにおびえている姿を見せられたら、職員のやる気は失せてしまいます。そして、そういう学校では、職員会議で決まったことも、各先生の勝手な判断で変更されて徹底されなくなるのです。

ある学校では一年で校長が転任してしまいました。前年まではなんとか学級崩壊は出さずにすんでいた学校で、新しい校長になったとたんにいくつもの学級が崩壊してしまったのです。以前の校長は細かいことを指摘する厳しい方ではあったのですが、その分、学校の統制がとれていたわけです。

各自が勝手なことをしていてもうまくいく場合があります。それは「百花繚乱」の状態であることです。つまり、それぞれの先生方の力量が高くて勝手にやっていても問題が起こらない場合です。しかし、そんな学校はめったにありません。

やはり校長（管理職）は毅然としていて且つ、前向きで意欲的であってほしいと思います。

北（に）グ……敵のことも読めず、無理な戦いをして、兵には優れた精鋭もない時

これでは戦えるはずがありません。百戦百敗になるでしょう。このような状態にしてしまうのは、トップリーダーの責任であることは間違いありません。

もしも学校がこの状態だとしたら、もう「学校崩壊」です。校長先生にはご退陣いただくしかないでしょう。職員も総入れ替えですね。

「兵ニハ、走ル者有リ、弛（ゆる）ブ者有リ、陥（おちい）ル者有リ、崩（くず）ルル者有リ、乱（みだ）ルル者有リ、北（に）グル者有リ。オヨソコノ六ツノ者ハ、天地ノ災（わざわい）ニアラズ、将ノ過（あやまち）ナリ。」

軍隊には、「走ル」、「弛ブ」、「陥ル」、「崩ル」、「乱ル」、「北グ」がある。いずれも自然になるものではなくて、将軍たる者に原因がある。

23 よけいな口出しは失敗を招く
――「君ノ軍ニ患ウル所以ノモノ、三ツアリ」

将軍は国家の補佐です。補佐と君主の間が周（あまねく。十分に行き届く。手落ちがない）であれば、国は必ず強くなります。補佐と君主の間に隙間があれば、国は必ず弱くなります。『孫子』はその言葉に続いて、君主が軍隊にとって心配の種となるのには三つの場合があると説いています。

① 進んではいけない時に進めと言い、退いてはいけない時に退けと言う。これでは、軍が自由に動くことができません。
② 軍の実態を知らないのに、口出しする場合。これでは、軍が混乱に陥ります。
③ 組織を越えて頭ごなしに軍に直接指示する場合。これでは、軍の内部に相互不信を引き起こします。

君主は校長などの管理職に、将軍を教師たちに喩えれば、まさしく学校経営において絶対にやってはいけない三つのことと重なってきます。

① 進んではいけない時に進めと言い、退いてはいけない時に退けと言う場合

ある学校で山登りの遠足の途中、休憩時間にスズメバチに襲われたことがありました。担任の先生は子ども達を早く避難させようと荷物を取りに行かせずに、まずは逃げるように指示を飛ばしました。子ども達が安全な（ハチの飛んでいない）場所に逃げてくるのを見て、管理職が

「荷物を取ってこい！」

と、どなりました。

担任が子ども達の前に立って止めたため、スズメバチの群舞するところへ子ども達は行かなくてすみましたが、そのまま管理職の指示に従っていたら、大変なことになっていました。

②　トラブルの実情を知らないのに、干渉する場合

ある学年で、子ども同士のトラブルがおきました。A君とBさんにしておきましょう。Bさんの保護者が怒ってしまい、ややこしい状況になったのを、担任が丁寧に丁寧に対応して、ようやく手打ちの手前までいきました。

ところが、たまたま学校にこられたBさんの保護者に、校長が余計なことを言ってしまったのです。Bさんの保護者は激怒して、再び困った状況になってしまいました。

校長は、担任とよく連絡を密にして実情を把握してからでないと、うかつに口出しをするべきではありません。それをしてしまうと、このケースのように、トラブルが悪化してしまうことがあります。

③　学年主任、生活指導部長などを無視して、担任の指示に口出しする場合

校長は最終決定機関でもあります。小さな学校ならいざしらず、学年三クラス以上ある学校においては、校長はめったにクラスのことに口をはさまない方が良いのです。

学年という組織があり、主任がいます。生活指導に関しては、また組織があり、生活指導部長がいます。研究でも同じです。

その上に教務主任や教頭、副校長がいます。

その人たちを飛び越えて、いちいち校長が担任のしていることに干渉していたら、必ずほころびが出てきます。校長の仕事は、組織がきちんと機能するようにすることであって、末端の先生方に細かいチェックを入れることではありません。

自分たちの上を飛び越えて指導されると、部長も主任も教頭、副校長たちも面白くありません。

「だったら、自分お一人でなさったらどうですか。」

と、仕事をしなくなった例も見てきました。

校長の出番は最後なのです。

「将ハ国ノ輔（ほ）ナリ。輔周（あまね）ケレバ、則（すなわ）チ国必ズ強ク、隙（げき）アレバ、則チ国必ズ弱シ。故（ゆえ）ニ君ノ軍ニ患（うれ）ウル所以（ゆえん）ノモノ、三ツアリ。……三軍スデニ惑（まど）イ且（か）ツ疑エバ、則チ諸侯ノ難（なん）至ル。是（こ）レヲ軍ヲ乱シ勝（かち）ヲ引クト謂（い）ウ。」

将軍は君主の補佐である。補佐と君主の間のコミュニケーションが良ければ、国は必ず強く、補佐との間に隙間があれば、国は必ず弱くなる。故に、君主が軍隊にとって心配種になるのには、三つのことがある。……軍隊内に戸惑いや疑念を生じさせたら、他国が攻めてくる。これを軍隊を混乱させて負けてしまうと言うのである。

第四章
『孫子』に学ぶ教師の力量形成

教師は未熟者である。自らを育てながら，子ども達を育てるということを実践していかねばならない。

その生き方そのものが教育である。

24 教師はバランスが重要

――「将(しょう)ニ五危(ごき)アリ」

第一章の②（一二三頁）で、「将トハ、智・信・仁・勇・厳ナリ」から、教師の在り方について述べました。

ところが、『孫子』には、将軍の陥りやすい五つの危険性を「将ニ五危アリ」と述べています。智・信・仁・勇・厳が過ぎると、問題が生じるのだというのです。

① 必死は殺され……「勇」の過ぎた時

ただ必死になり過ぎると、殺されてしまうということ。

熱血教師は、最近の子ども達には敬遠されます。一生懸命は悪いことではないのですが、高学年以上の子ども達からは、「暑苦しい」ものにしか見えません。担任の先生のことを「あいつ、熱血だから……。」

などと、揶揄する言葉を何度も聞いたことがあります。

かと言って、情熱の感じられない教師もまた、敬遠されるものです。熱すぎるのも、クールすぎるのも、どちらも危険性があるのです。

何事も「過ぎたるは及ばざるがごとし」という考えを持っておくべきでしょう。

②　必生は虜（とりこ）にされ……「智」の過ぎた時

逃げようとしてもがけばもがくほど、捕虜になってしまう。

子ども達は
「この教師は信頼できるのかどうか？」

ということをよく見ています。肝心なところで自己保身に回る言動をする教師を、見逃してはくれません。

小さなことですが、授業や学級指導で教師が失敗した時に、ごまかしや言い訳をしてしまうことがあります。特に性格が悪いわけではない教師でも、つい、やってしまうことがあるのです。そういう時には、すぐに訂正して子ども達に謝ることが大切です。失敗は誰にでもあることなのだから、ごまかさずにきちんと謝れば良いのです。

失敗をごまかす教師と、失敗をきちんと謝る教師の、どちらを子ども達が信頼するかは、明白です。

自分を守ろうとする気持ちが強いと、教師として成長もできないでしょう。

③ 忿速は侮られ……「厳」の過ぎた時

すぐに腹を立てるのは、敵に軽くみられてしまう。

卒業生たちとお酒を飲むようになると、僕が担任をしていた頃の失態で盛り上がります。（僕が盛り上がるのではありません。）まさしくすぐに怒りだす教師であったので、子ども達はときどき内緒で笑っていたそうです。

教室で腹を立てることがあって、

「もう勝手にしろ！」

と、教室を出ていったことがあります。そのとき、教室のドアの立て付けが悪くて、なかなか開かなかったのです。怒っていると判断は鈍ります。あせるから、よけいにうまくいきません。一生懸命ドアを開けようと苦労している僕を見ていて、子ども達は下を向いて必死に笑いをこらえて

いたそうです。格好の悪い話です。

だいたい、怒っている姿は、子ども達から見てもブサイクなものです。いじめ案件のように、怒るべき時には怒らなければなりません。しかし、めったにやらないから、怒ったことが子ども達に響いていくものです。

腹が立った時は、一度何かの方法でクールダウンしてから、表現するようにした方が良いでしょう。いわゆるアンガー・マネージメントは、教師にも必要なのです。

④　廉潔は辱（はずかし）められ……「信」の過ぎた時

清廉潔白すぎると、ちょっとしたことが許容できない。

今の若い先生方は、幼い頃から学校によくなじんできた方がとても多いように思えます。学校になじむとは、学校のルールを守ってきちんとした生活を送ってきたということです。先生に逆らったことも少なく、優等生で人に迷惑をかけずに生きてきたという方が圧倒的に多いのです。

そうすると、問題行動をとる子ども達のことが理解できません。学校でガムを食べる。宿題をやってこない。ウソをつく。友達に乱暴を働く。服装がだらしない……。

こうした言動を許せないと感じてしまいます。

問題行動をとる子ども達には、その子たちなりの思いがあります。そして、問題行動を通じて、教師の反応を見ているところもあるのです。

わざと悪口を言ったり、変な言い訳をしたりして、教師の反応を見ています。教師がそれに乗って怒りだすと、

「ほらほら、この教師はそういうレベルだな。」

と、教師を否定する理由を持つのです。調子に乗ってどんどん挑発してくる子どももいます。

学校で問題行動をとる子どもは清廉潔白ではないのです。そういう子ども達の気持ちを考えていくことは、実はとても難しいことではありますが、小さな、犯罪にならない程度のちょい悪でもやってみることも、全く健全に生き続けてきた教師には必要かもしれません。

⑤ 愛民は煩わさる……「仁」の過ぎた時

民を愛し過ぎると、自分がまいってしまう。

教師が子ども達を愛するのは自然なことです。それのできない方は、子ども達のそばにいない方が良いかも知れません。

しかし、あまりにも子ども達を溺愛してしまうと、周りにも迷惑をかけるし、自分自身もまいってしまうことになります。

周りに嫌な思いをさせた例をあげましょう。

自分のクラスの子どもだけを愛する教師がいました。この方は、他のクラスの子どもとトラブルになったとき、自分のクラスの子ども達の話だけを鵜呑みにして、他のクラスの子ども達を叱責していました。

学年で校外学習へ行くと、いつもその先生のクラスの子どもばかりが挨拶などの主な役割の担当でした。

これでは、まっとうな教育ができているとは、とても思えません。


子ども達全員を心から愛する教師がいました。全ての時間を子どものために使って、子ども達を大切にしていました。子どもの日記を持ち歩いて、電車の中でも赤ペンを入れていました。

（今なら、それ自体が問題になります。個人情報の持ち歩きとして。笑）

「僕は受け持った子ども達のためなら、死ねる。」

と、真顔で言っていました。

しかし、六年生にもなった子ども達にとっては、それは重たいうっとおしいものとなりました。

「放っておいてよ！」

という言葉が教師に投げかけられるようになりました。愛情が受け入れてもらえずに、子ども達の頭上をすべるようになってしまった結果、精神的に追い込まれたその教師は、パニック障害を起こして苦しみました。

何事も行き過ぎてはろくな結果を生みません。子どもへの愛情も適当（ちょうど良い程度）で良いのです。

昔、ウイスキーのＣＭで「少し愛して、長ーく愛して」という言葉がありましたが、教師もそのくらいの感覚で子どもを愛した方が良いのです。

「将ニ五危有リ。必死ハ殺サレ、必生ハ虜ニサレ、忿速ハ侮ラレ、廉潔ハ辱シメラレ、愛民ハ煩サル。オヨソコノ五ツノモノハ、将ノ過ナリ。兵ヲ用ウルノ災ナリ。軍を覆シ将ヲ殺スコト、必ズ五危ヲ以テス。察セザルベカラザルナリ。」

将軍には五つの危険がある。必死は殺される、必生はつかまる、すぐに腹を立てるのは軽く見られる、清廉潔白は少しのことが許容できない、愛民は過ぎると煩わしいことになる。この五つは将軍の過ちになる。兵を使う時の災いとなる。必ずこの五危によって軍が敗れて将軍が死ぬ。考えるべきことだ。

25 まとまる必要をつくる

――「呉越同舟」

「呉越同舟」という言葉は、仲の悪い者同士が協力することのたとえとして多くの人々の心に残っていることだと思いますが、元々は『孫子』の中の言葉です。

「呉越」という言葉が仲の悪いこととして辞典に載っているくらいですから、古代より呉の国と越の国は仲の悪い者同士の典型だったのです。

（『十八史略』や蘇秦の漢詩では、呉王闔閭の子どもの夫差と越王勾践との争いを「臥薪嘗胆」という言葉で表しています。この呉王闔閭に仕えたのが『孫子』を書いたとされる孫武その人だったと記されています。）

その仲の悪い呉と越であっても、たまたま同じ船に乗り合わせた時に暴風に出遭ったら、協力し合って苦難を乗り越えようとするはずだから、軍隊も一軍にまとめ上げて自由自在に動かすことができると述べています。

教師集団がまとまるということそのものについて、個性や多様性を担保できなくなるとの理由で否定的な方もいらっしゃいます。確かにまとまれば良いというだけでは、同調圧力がかかって職員室が居心地の悪い場所になりかねません。

しかし、何かあったときにバラバラで意見をまともに出し合えないような学校と、問題が生じた時にまとまって考え合うということのできる学校とでは、どちらが子ども達にとって価値のある教育を行える場所となるでしょうか。

やはり、ふだんは自由度が高くて各自が自分の考えだけで行動していても、いざというときは（大きなトラブルやいじめ案件など）一致団結して立ち向かえるような集団であってほしいと思います。

まとまるためには、まとまる必要性があります。ハリウッド映画の『インディペンデント・デイ』では、地球外生物からの侵略に対して、イスラム圏もアジアも欧米も情報を共有して戦うというシーンがありました。外からの敵に対しては団結しやすいものです。

しかし、学校現場では、外からの侵略なんてありません。モンスター・ペアレントからの攻撃で職員が一致団結などということもありません。

学校としてまとまるためには、ふだんからどのようなコミュニケーションをしているかということが、とても重要になってきます。当たり前の会話をふだんからいろいろな人としていくことが、そのベースになります。

何も教育観が一致しなくても良いのです。同じ所で暮らす仲間として、学校という船に乗り合わせた同舟として、日常会話をしておくことが大事なのです。

今の時代は、一人のスーパー教師の力でものごとがうまく動いていくというような時代ではありません。学校全体がチームとして一丸となれなくてはならないのです。

これからの時代の優れた教師はそうしたチーム意識を持った教師だと断言します。

「ソレ呉人（ごひと）ト越人（えつひと）ト相悪（あいにく）ムナリ。ソノ舟ヲ同ジクシテ済（わた）リテ風ニ遇（あ）ウニ当リテハ、ソノ相救ウヤ、左右ノ手ノ如シ。」

呉人と越人とはもともとお互いに憎み合っているが同じ舟に乗り合わせて暴風に遭遇したら、左手と右手のようにお互いに助け合うだろう。

26 慎重に動くこと

——「利ニ合エバ動キ、利ニ合ワザレバ止ム」

敵に勝利し土地などを攻め取っても、その戦いの戦略的目的が実現されなければ、凶（縁起が悪い。災いとなる）となります。これを費留（『孫子』くらいにしか登場しない言葉で、「労多くして功少なし」の意味）と言います。だから名君は常に戦争の戦略的目的を考えています。大義のない怒りに任せた軍事行動はするべきではないというのです。

「将に五危あり」の項目③の「忿速は侮られ」（一二二頁）でも述べましたが、怒りに任せた行動は拙速です。必ず良くない結果を生んでしまいます。僕は時代的にも学校的にも恵まれていたのか、この感情のコントロールが苦手だったのに、なんとか教師人生を乗り切ることができました。

でも、今はそんなに甘くありません。感情的になってしまって、職を追われた例をいくつも知っています。

子ども達と暮らしていると、かっとなってしまうことは四六時中起こります。そういうときにアンガー・マネジメントができるように、日ごろから心がけておくことです。そのためには、『孫子』にあるように、大義を常に頭に置いておくことです。

僕の教室には、教師になって二年目から、いつも教室の後ろの壁の一番上のところに一編の詩を書いて掲示してありました。誰に見せるためでもありません。

「たなごころ」とは、掌上（手のひら）のことですが、そこに土をしいて種を蒔くということは本当に自分の手の中で慈しむということです。

「白きぢようろ」では、「白」という言葉が輝きます。正しさや正義を表していますね。

水はどばっとかけるのではなく、「せんせ

「掌上の種」　萩原朔太郎

われは手のうへに土を盛り、
土のうへに種をまく、
いま白きぢようろもて土に水をそそぎしに、
水はせんせんとふりそそぎ、
土のつめたさはたなごころの上にぞしむ。
ああ、とほく五月の窓をおしひらきて、
われは手を日光のほとりにさしのべしが、
さわやかなる風景の中にしあれば、
皮膚はかぐはしくぬくもりきたり、
手のうへの種はいとほしげにも呼吸づけり。

んと」ふりそそぐのです。これは、教師が子ども達へ降り注ぐ愛情やかける言葉のようでしょう。五月の窓を押し開いて、日光のほとりに手をさしのべるのです。一番適切な時にそっと子ども達に光を当てるということです。

そうすると、たなごころ上の土の中の種、つまり子ども達はぬくもりをもって「いとほしく」も息づくのです。

この詩には子どもを育てることの基本があると思っていました。文芸研の研究をしていたときに、西郷竹彦さんの本から学んだことです。

この詩を教室の後ろの壁の上の方に貼っていたのです。子ども達と暮らしていて腹が立ったり教育的感覚が足りなくなったりした時に、その詩を見ることにしていました。この詩を見て黙読すると、心が少し落ち着いてくるのです。十年くらい続けたでしょうか。

そういう言葉や尊敬できる先輩を持つことをお奨めします。優れた言葉や優れた人に出会うと、自らの幼稚さや足りなさを感じることができます。

若いうちはどうしても視野は狭いものですが、自分ではそのことが分かりません。物事の本質など見えているはずはないのですが、分かったような気になってしまいます。だからこそ、思い切ったことができるという側面もありますから、一概に否定しているわけではありません。

そういう教師としての自分を啓かせてくれて、自らを磨くことができるのは、やはり、先輩や先人の優れた言葉なのです。

「ソレ戦ッテ勝チ攻メテ取ラントシテ、シカモソノ功ヲ修メザルモノハ、凶ナリ。命ケテ費留ト曰ウ。故ニ曰ワク、明主ハ之ヲ慮リ、良将ハ之ヲ修ムト。利ニアラザレバ動カズ、得ルニアラザレバ用イズ、危キニアラザレバ戦ワズ。主ハ怒ヲ以テシテ師ヲ興スベカラズ。将ハ慍ヲ以テシテ戦をイタスベカラズ。利ニ合エバ動キ、利ニ合ワザレバ止ム。」

戦って勝利し土地などを獲得しても、戦いの戦略的目的が実現できなければ、災いになる。これを「費留」と言う。それ故、名君は常に戦争の戦略的目的を考え慎重に軍を動かし、優れた将軍は勝ち取った成果を完全なものにするのである。利益を得られないとなれば軍を動かさず、得るものがなければ相手にしない。危険が迫ってもいないのに戦うことはない。君主は、一時の怒りで軍を動かしてはならない。将軍は、一時の憤りで戦いをしてはならない。利益になれば軍を動かし、利益にならなければ軍を動かさないのである。

第五章
『孫子』の時代と名言

春秋戦国時代は諸子百家の時代。
『孫子』以外にも優れた思想がきら星のごとく輝いた。

■諸子百家からも学ぶ

『孫子』は紀元前五百年ごろの中国春秋時代の軍略家と言われる孫武の作とされる兵法書です。武経七書の一つですが、他の六つの兵法書はほとんどその後の時代から現代にまで活用され続けていません。それは、春秋時代という昔の時代でしか通用しないものであったからと言われています。

『孫子』は他の兵法書を圧倒して、長い年月を通し世界的に広まり活用されていくほどの優れた考え方であったということです。

春秋戦国時代には、武経七書以外にも「諸子百家」と呼ばれる様々な思想派が林立しました。「諸子百家」とは、中国の春秋戦国時代に現れた学者や学派の総称を言います。「諸子」は孔子、老子、荘子、墨子、孟子、荀子などの人物を指していて、「百家」は儒家、道家、墨家、名家、法家などの学派を指します。

これまでどこかで聞いたことがあるであろう代表的な名言で、教育につながる言葉を取り上げたいと思います。長い年月をかけて生き残ってきた言葉は、現代の教育においても大いに活用できるものです。そして、優れた名言は心に強いインパクトを与えます。それは大きな知恵がそこに存在するからです。

春秋戦国時代の人類の知恵から、学びましょう。

■孔子『論語』（さすがに『論語』の説明はいりませんね。）

子曰く。「吾、十有五ニシテ学ニ志ス、三十ニシテ立ツ、四十ニシテ惑ワズ、五十ニシテ天命ヲ知ル、六十ニシテ耳順ウ、七十ニシテ心ノ欲スル所ニ従エドモ、矩ヲ踰エズ。」

先生が言いました。「私は十五歳で学問を志した。三十歳になったときに学問的に自立した。四十歳にして、道に迷わなくなった。五十歳にして自分が天から与えられた役割を知った。六十歳にして人の言葉を素直に聞けるようになった。七十歳にして自分の思いのままに行動しても人の道にはずれることがなくなった。」

これを教師の力量形成に置き換えて考えてみましょう。三十歳という年齢は、少し力がついてきて体力も気力もあふれています。最も教師として自立する時期です。ただし、最近の全国的な教員の年齢構成では、もう中堅で学校の主軸にならなくてはいけないようです。四十歳になると、実は迷い始めます。中間管理職的な立場になり、もう若手とはみなされないが若手と同じようにやりたい自分との葛藤が起こるのです。五十歳にして天命を知るというのは大げさですが、このころには校長でいくのか現場のトップリーダーになるのか、はっきりとしますね。六十歳になると、意固地に自分のこれまでのことに執着する人と新しいことにも対応できる人とに分かれます。孔子のように達観するのはまだまだのようです。そして、七十歳でも今の時代はしっかりと生きなくてはなりません。教師道に外れないようにしてほしいものです。

■荘子『荘子』（老子と荘子の思想を合わせて道教と呼ぶ。）

「万物斉同（ばんぶつせいどう）」

万物は人の道の観点からみれば等価であるという思想です。人はとかく是非善悪といった分別知をはたらかせますが、その判断の正当性は結局は不明であり、また、一方が消滅すればもう一方も存立しないのです。つまり是非善悪は存立の根拠が均しくて同質的であり、それを一体とする絶対なるものが道なのです。

このように見れば、全ての人はもともとは同じであるということです。また、生死ですら同一であり、生も死も道の姿の一面にすぎないと言うのです。

これは教育の原点に通じます。人間同士にも本来は差別はなくて、人間以外の生き物同士も元々は同じものです。

「モノを大切にしなさい。」と言うけれども、なぜそうしなければならないのかということに対する一つの答えだと思います。子ども達にも「万物斉同」という言葉で人間同士もあらゆる生き物も大切にすることを教えてはどうでしょうか。

■墨子『墨子』（博愛主義。守城に優れた技術を発揮した。）

「非命（ひめい）」

何事も運命だとあきらめてはいけないという言葉です。天から与えられる使命はあっても、天に定められた運命などというものはありません。勤勉により、状況は常に良い方へ変えられるものです。

これは、人々を無気力にする宿命論を否定するものです。人は努力して働けば自分や社会の運命を変えられると説いているのです。

子ども達の中には、もう中学年くらいから、

「どうせ俺なんてダメだよ。」

と言ったり、

「私なんか、いくらやったって無理。」

などという言葉を発したりする子どもがいます。教師自身がそう思っては、子ども達は救われないでしょう。運命論に浸ってしまっては、子ども達の可能性を引き出してあげることはできないのです。

■荀子（じゅんし）『荀子』（「性悪説」により、礼によって修めることを考える。）

「青は藍より出でて藍より青し」

青色の染料は草の藍からとりますが、それはもとの藍草よりももっと青いものです。弟子が師よりもすぐれていることのたとえとされています。「出藍の誉れ」という言葉でも聞いたことがあるかもしれません。

教師としての喜びの一つに、教え子たちが自分をどんどん追い越して優れた人間になっていくことがあります。教え子の成長した姿は、教師にとっては最高の自慢なのです。ただ、教師自身も簡単に追い越されないように精進したいものです。

あとがき

「多賀先生、『教師が学ぶ「孫子」の教育』という本を書いてもらえませんか？」

黎明書房の武馬さんにそう頼まれて、二つ返事で引き受けてしまいました。お酒の席で酔いが回っていたからかもしれません。

数日後に送って来られたプロットを見て、驚きました。ページ数と締め切りと書式しか書いていなかったからです。

プロットから全部お任せだったわけです。笑。


そこで、改めて『孫子』について書かれた本をたくさん読み直しました。これは僕にとっては楽しい時間でした。元々中国史が大好きで、中学時代から『論語』や『孟子』「諸子百家」を熟読し、そこから言葉を引用することが好きでした。陳舜臣の『中国の歴史』から田中芳樹の『隋唐演義』、宮城谷昌光の小説などを読み漁っていました。それらの書物や言葉、人物の生き方などが、僕の考え方に影響を与えていたことは間違いありません。

中でも、海音寺潮五郎の『孫子』を熟読して、孫臏（そんぴん）の魅力に取りつかれていた時期もあった僕としては、その大元である孫武の兵法を教育として読み解くことはやりがいのある仕事であったし、こういう直線的ではない、ある意味邪道の教育書というものも書いてみたかったので、書いていてわくわくする楽しい時間になりました。

中国の歴史小説を元に様々なことを考えるのは、自分の生き方を考えることでもあります。孫臏は孫武よりも実在を確定されているとされる人物です。友達の裏切りにあって膝から下を切り落とされた（その刑のことを臏と言います）から孫臏という名前がついたのですが、すさまじい人生を送りながら、戦いに神業のような功績をあげました。

神業に見えてはいますが、実は理にかなった優れた思想と見識があったのです。だからこそずっと語り継がれ、現代においてもその兵法を活用している会社やリーダーがたくさんいるのです。

優れた教師のしていることも神業に見えます。若い先生方から見たら、とうてい届きそうにもない存在に見えることもあります。しかし、実は同じ教師です。たいした違いはありません、ただ、優れた教師は理にかなった方法で教育をしているし、はっきりとした考え方を持っています。それが結果的に神業のように見えるだけなのです。

あとがき

『孫子』の考え方には、まさしく教師の在り方につながるところがたくさんあります。中国四千年の歴史から学ぶことは多いのです。

僕自身が、現役の時に『孫子』からもっと学んでおくべきだったなと、書き終えて改めて思ったほどです。惜しいことをしました。

この本を執筆しながら感じたことは、『孫子』では、バランスということを重視しているということです。このバランスというのは、間をうまく取り持って調整するというような受け身的なものではなく、出るときはさっと出て、引くときはすっと引き、よく観察して情報を集めて、状況に応じて臨機応変の策をとるということです。

つまりアクティブなバランスですね。これからの教師に必要なのは、まさしくそこであるような気がします。

この本を読まれて、改めて中国の歴史小説にも興味を持ってくださる方が増えれば、歴史小説ファンとしてはうれしいことです。中国の歴史に登場する人物の生き方にも、ぜひ触れてほしいものです。

宮城谷昌光の『沙中の回廊』を読み返しながら

追手門学院小学校　多賀一郎

参考文献

『孫子』海音寺潮五郎、講談社文庫。
『最高の戦略教科書　孫子』守屋淳、日本経済新聞出版社。
『孫子の兵法』（知的生きかた文庫）守屋洋、三笠書房。
『孫子の兵法』公田連太郎訳・大場彌平講、中央公論社。
『孫子の兵法で脳トレーニング』脳トレーニング研究会編、黎明書房。
『諸子百家』浅野裕一、講談社学術文庫。
『孫子』浅野裕一、講談社学術文庫。
『孫子』金谷治訳注、岩波文庫。

著者紹介

多賀一郎

神戸大学附属住吉小学校を経て，私立小学校に永年勤務。現在，追手門学院小学校講師。元日本私立小学校連合会国語部全国委員長。元西日本私立小学校連合会国語部代表委員。若い先生を育てる活動に尽力。公私立の小学校・幼稚園などで講座・講演などを行ったり，親塾や「本の会」など，保護者教育にも力を入れている。

ホームページ：「多賀マークの教室日記」http://www.taga.169.com/

著書に『全員を聞く子どもにする教室の作り方』『多賀一郎の荒れない教室の作り方』『きれいごと抜きのインクルーシブ教育』（共著）『絵本を使った道徳授業の進め方』（編著）（以上，黎明書房）『ヒドゥンカリキュラム入門』『国語教師力を鍛える』（以上，明治図書）『学校と一緒に安心して子どもを育てる本』（小学館）『女性教師の実践からこれからの教育を考える』（編著）（学事出版）など多数。

＊イラスト・伊東美貴

孫子に学ぶ教育の極意

2018年7月15日　初版発行	著　者	多　賀　一　郎
	発行者	武　馬　久　仁　裕
	印　刷	株式会社太洋社
	製　本	株式会社太洋社

発　行　所　　株式会社　黎　明　書　房

〒460-0002　名古屋市中区丸の内3-6-27　EBSビル
☎052-962-3045　FAX 052-951-9065　振替・00880-1-59001
〒101-0047　東京連絡所・千代田区内神田1-4-9 松苗ビル4階
☎03-3268-3470

落丁本・乱丁本はお取替えします。　ISBN978-4-654-02303-5